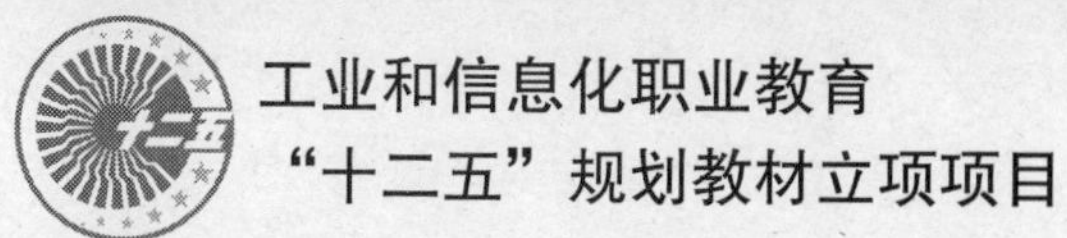

中等职业教育

改革发展示范学校创新教材

数控系统连接、调试与维修

CNC System Connection, Debugging and Repair

◎ 吴国雄 主编

◎ 杨文杰 颜超 肖建章 副主编

◎ 王晋波 主审

人民邮电出版社

北京

图书在版编目（CIP）数据

数控系统连接、调试与维修 / 吴国雄主编. -- 北京:
人民邮电出版社, 2016.7
中等职业教育改革发展示范学校创新教材
ISBN 978-7-115-36953-6

Ⅰ. ①数… Ⅱ. ①吴… Ⅲ. ①数字控制系统－中等专业学校－教材 Ⅳ. ①TP273

中国版本图书馆CIP数据核字(2014)第204854号

内容提要

本书讲授的是数控设备应用与维修专业中综合性、实践性较强的内容，以 FANUC 数控系统为主线将从业岗位所需的职业能力拆分为不同的项目任务，内容涉及设备维修安全，硬件线路连接，系统数据备份，急停、超程功能调试，伺服系统功能调试，机床参考点功能调试，手动功能调试，自动运行功能调试，冷却功能调试，主轴功能调试，刀具功能调试，常见故障诊断方法与排除，及综合调试等 13 项任务。

本书可作为中、高等职业技术学院数控技术应用类、机械制造及自动化类等专业的教学用书，也可供数控机床维修人员及相关技术人员参考、学习、培训之用。

◆ 主　　编　吴国雄
副 主 编　杨文杰　颜　超　肖建章
主　　审　王晋波
责任编辑　刘盛平
执行编辑　刘　佳
责任印制　焦志炜

◆ 人民邮电出版社出版发行　　北京市丰台区成寿寺路 11 号
邮编　100164　　电子邮件　315@ptpress.com.cn
网址　http://www.ptpress.com.cn
北京艺辉印刷有限公司印刷

◆ 开本：787×1092　1/16
印张：12.5　　　　2016 年 7 月第 1 版
字数：324 千字　　　2016 年 7 月北京第 1 次印刷

定价：29.80 元

读者服务热线：(010)81055256　印装质量热线：(010)81055316
反盗版热线：(010)81055315

数控系统连接、调试与维修是数控设备应用与维修专业中综合性、实践性较强的职业岗位核心课程，以 FANUC 0i-TC 数控系统为例，目标是培养具有数控设备安装、调试、运行维护，数控设备技术服务等满足现代制造业生产维修管理的人才，培养有较强的动手能力，能在企业生产一线分析和解决实际问题，并具有良好的职业道德和团队协作精神的高技能人才。

本课程是针对数控设备应用与维修人员从事的职业岗位、典型工作任务时所需的职业能力及其工作过程进行设计的，其总体设计思路是：通过对该专业典型岗位的工作任务进行分析，归纳数控系统连接与调试工作岗位所需要的岗位职业能力，以生产中数控设备常见故障为依据，以学习任务为导向，以培养职业岗位能力为目的进行组织设计。

本课程将数控系统连接与调试职业岗位工作任务的分解为设备维修安全、硬件线路连接、数控系统数据备份、急停、超程功能调试、伺服系统功能调试、机床参考点功能调试、手动功能调试、自动运行功能调试、冷却功能调试、主轴功能调试、刀具功能调试、常见故障诊断方法与排除、综合调试共 13 项任务完成本课程的学习。通过这些项目的学习与训练，可以培养学生掌握数控系统连接与调试的知识和技能，启发学生的思维能力，运用相关知识和技能分析、解决数控设备常见故障，并能够全面培养其团队合作、沟通表达、工作责任心、职业规范与职业道德等综合素质，通过学习的过程掌握工作岗位所需要的各项技能和相关专业知识。

由于编者水平和经验有限，书中难免有欠妥和错误之处，恳请读者批评指正。

编　者

2016 年 2 月

目录 CONTENTS

设备维修安全

随着电能应用的不断拓展，以电能为动力的各种电气设备广泛进入企业、社会（如数控设备），与此同时，使用电气所带来的不安全事故也不断发生。为了实现电气安全，对电网本身的安全进行保护的同时，更要重视用电的安全问题。因此，学习安全用电基本知识，掌握常规触电防护技术，以及数控机床的安全操作规程是保证在维修数控机床时用电安全的有效途径。

■ 项目学习目标

1．掌握安全操作规程。

2．建立安全生产实习的思想。

■ 项目课时分配

8 学时

■ 本任务工作流程

1．导入新课。

2．检查讲评学生完成导读工作页情况。

3．对照图片分析产生安全事故的原因。

4．结合所产生的安全事故对安全操作规程进行讲解。

5．6S 管理对安全生产的重要性。

6．组织学生"拓展问题"讨论。

7．本任务学习测试。

8．测试结束后，组织学生填写活动评价表。

9．小结学生学习情况。

■ 任务所需器材

计算机、数控维修实训台 12 台、数控机床 6 台、电工工具、电工常用耗材、本任学习测试资料。

■ 课前导读（阅读教材、查询资料在课前完成）

1．试分析在图 1-1 中所示的人为何出现如此表情：______________________________

2．对其身体会产生何种伤害：____

3．触电危害是指人体触及带电体后，电流对人体造成的伤害。它有两种类型，即（　　　　）和（　　　　），在触电事故中，常会同时发生。

图 1-1 触电

4. 什么因素决定电气事故伤害的严重性？

（1）（　　　　　　　　）；

（2）电流的路径；

（3）电流的频率（交流或直流）；

（4）（　　　　　　　　）。

5. 安全电压是指人体不戴任何防护设备时，触及带电体不受电击或电伤。安全电压分别为：42V、（　　　　）、（　　　　）、12V、6V 等几种。

6. 如图 1-2 所示，写出常见触电的方式。

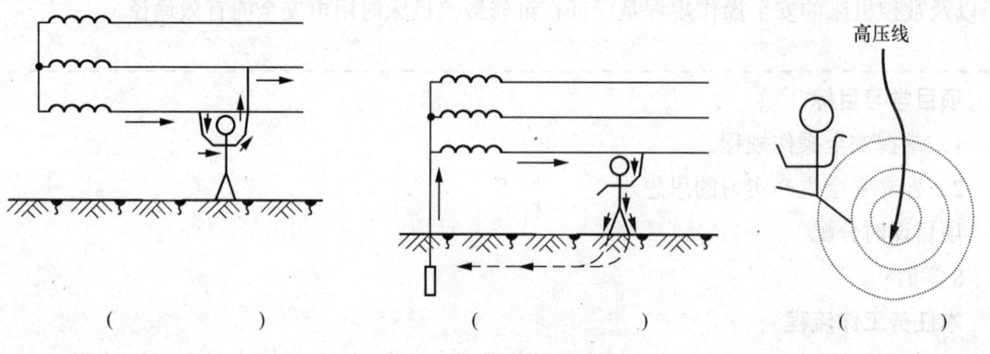

图 1-2 常见的触电方式

7. 触电时急救的常用方法有（　　　　　　　　）和（　　　　　　　　）。

■ 情境描述

在从事数控设备维修过程中，必须学习安全用电的常识，还应当学习机械设备的安全操作规程，通过完成“课前导读”内容中知识要点回答，实现对以前学过的知识进行回顾，接下来针对数控设备的特点进行更深一步的学习和认识，为以后的安全生产实习打下坚实的基础。

■ 任务实施

任务实施一 安全基础知识

安全基础知识如表 1-1 所示。

实施：请完成对表 1-1 安全基础知识的填空。

表 1–1 安全基础知识表

我国的安全生产方针	安全第一，预防为主
安全生产“三不伤害”	
安全事故“四不放过”原则	事故原因不清不放过；责任人没有受到严肃处理不放过； 整改措施不落实不放过；有关责任人和群众没有受到教育不放过

任务实施二 安全标识

安全标识是用来提醒大家注意的一些不安全因素，指导正确行为，防止事故发生的一种标志，由国家规定的安全色、几何图形和图形符号构成。

实施：请完成对表 1-2 安全标识含义的填写。

表 1–2 安全标识

禁止烟火			禁止攀登
	禁止入内	禁止堆放	
当心火灾		当心中毒	
当心机械伤人			当心车辆
必须戴防护眼镜			必须戴护耳机
	必须穿防护鞋		必须穿防护服

任务实施三　安全牌制作

在企业，为保证安全生产，安全牌（见图 1-3）具有重要的意义。比如在维修设备时，在维修人员进入机械内作业的情况下，安全牌可以防止共同作业人员或者第三者的误操作，防止启动机械等工伤事故的发生。

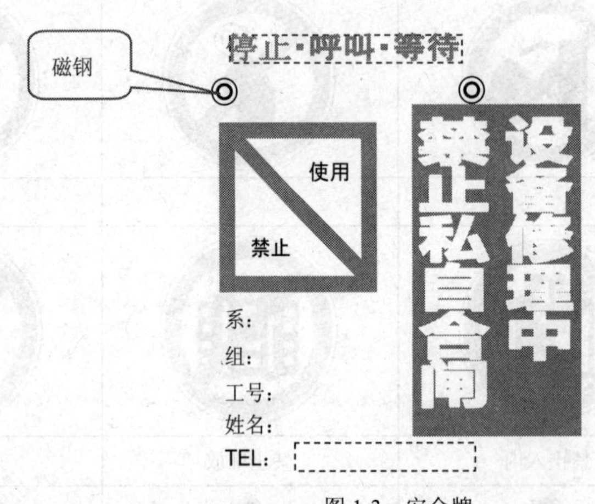

图 1-3　安全牌

实施：请完成安全牌的制作。

■ 活动评价

填写表 1-3，完成对学生在职业功能模块教学项目过程的考核评价。

表 1–3　职业功能模块教学项目过程考核评价表

<table>
<tr><td colspan="2">专业：数控系统连接与调试</td><td colspan="2">班级：</td><td colspan="2">学号：</td><td colspan="2">姓名：</td></tr>
<tr><td colspan="8">项目名称：安全教育</td></tr>
<tr><td rowspan="3">评价项目</td><td rowspan="3">评价标准</td><td rowspan="3">评价依据（信息、佐证）</td><td colspan="2">评价方式</td><td rowspan="3">权重</td><td rowspan="3">得分小计</td><td rowspan="3">总分</td></tr>
<tr><td>小组评分</td><td>个人评分</td></tr>
<tr><td>20%</td><td>80%</td></tr>
<tr><td>职业素质</td><td>1. 遵守管理规定、学习纪律、安全操作规程
2. 按时完成学习及工作任务、工作积极主动、勤学好问</td><td>1. 考勤
2. 工作及学习态度</td><td></td><td></td><td>20%</td><td></td><td rowspan="2"></td></tr>
<tr><td>专业能力</td><td>1. 课前导读完成情况（15 分）
2. 安全基础知识及安全标识的识别（15 分）
3. 安全牌的制作（20 分）
4. 操作规程学习情况（30 分）
5. 生产实习车间 6S 管理（20 分）</td><td>1. 项目完成情况
2. 相关记录</td><td></td><td></td><td>80%</td><td></td></tr>
<tr><td>个人评价</td><td colspan="7">学员签名：　　　　日期：</td></tr>
<tr><td>教师评价</td><td colspan="7">教师签名：　　　　日期：</td></tr>
</table>

■ 相关知识

相关知识一 生产实习纪律

1．不准闲谈打闹；

2．不准擅离岗位；

3．不准干私活；

4．不准私带工具出车间；

5．不准乱放工量具、工件；

6．不准设备带病工作；

7．不准生火、烧火；

8．不准擅自拆修电器；

9．不准乱拿别人的工具材料；

10．不准顶撞老师和指导教师。

相关知识二 6S 管理

“6S 管理”由日本企业的 5S 扩展而来，其作用是：提高效率，保证质量，使工作环境整洁有序，预防为主，保证安全。“6S 管理”的内容如下。

1．整理（SEIRI）——将工作场所的任何物品区分为有必要和没有必要的，有必要的留下来，其他的都消除掉。

目的：腾出空间，空间活用，防止误用，创造宽敞的工作场所。

2．整顿（SEITON）——把留下来的必要用的物品依规定位置摆放，并放置整齐且加以标示。

目的：工作场所一目了然，创造整齐的工作环境，免除寻找物品的时间，消除过多的积压物品。

3．清扫（SEISO）——将工作场所内看得见与看不见的地方清扫干净，保持工作场所干净、亮丽。

目的：稳定品质，减少工业伤害。

4．清洁（SEIKETSU）——维持上面 3S 成果。

5．素养（SHITSUKE）——每位成员养成良好的习惯，遵守规则，做事积极主动。（也称习惯性）。

目的：培养有好习惯，遵守规则的员工，营造团队精神。

6．安全（SECURITY）——重视全员安全教育，每时每刻都有安全第一观念，防范于未然。

目的：建立起安全生产的环境，所有的工作应建立在安全的前提下。

相关知识三 电工安全用电技术操作规程

1．工作前，必须检查工具，测量仪和防护工具是否完好。任何电器设备未经验电，一律视为有电，不准用手触摸。

2．电气设备及其带支的机械部分需要修理时不准在运转中拆卸修理。必须在停电后切断设备电源，取下熔断器，挂上“禁止合闸，有人工作”的标示牌，并验明无电后，方可进行工作。

3．在配电总盘及母线上进行工作时，在验明无电后应挂临时接地线。装拆接地线都必须由值班电工进行。

4．临时工作中断电后或每班开始工作前，都必须重新检查电源已断开，并验明无电。

5．每次维修结束时，必须清点所带工具、零件，以防遗失和留在设备内造成事故。

6．由专门检修人员修理电气设备或其带动的机械部分时，值班电工要进行登记，并注明停电时间。完工后要做好交代并共同检查，然后方可送电，并登记送电时间。

7．低压设备上必须进行带电工作时，要经过领导批准，并要有专人监护。工作时要戴工作帽、穿长袖衣服、戴绝缘手套、使用有绝缘手柄的工具，并站在绝缘垫上邻近相带电部分和接金属部分应绝缘板隔开。严禁使用锉刀、钢尺等进行工作。

8．熔断器的容量要与设备和线路安装容量相适应。

9．安装灯头时，开关必须接在火线上，灯口螺丝必须接在零线上。

10．临时装设的电气设备必须将金属外壳接地。严禁将电动工具的外壳接地线和工作零线拧在一起插入插座。

11．电力配电盘配电箱、开关、变压器等各种电气设备附近，不准堆放各种易燃易爆、潮湿和其他影响操作的物件。

12．使用梯子时，梯子与地面之间的角度以60°为宜。

13．使用喷灯时，油量不得超过容积的四分之三。

14．使用电动工具时，要戴绝缘手套，并站在绝缘垫上工作。

15．电气化设备发生火灾时，要立刻切断电源，并使用二氧化碳灭火器或干粉灭火器，严禁用水灭火。

相关知识四 数控机床安全操作规程

1．安全操作基本注意事项

（1）工作时穿好工作服，不允许戴手套操作机床。

（2）未经允许不得打开机床电器防护门，不要对机内系统文件进行更改或删除。

（3）工作空间应足够大。

（4）某一项工作如需要两人或多人共同完成时，应注意相互间的协调一致。

（5）不允许采用压缩空气清洗机床、电气柜或NC单元。

（6）未经指导老师同意不得私自开机。

（7）请勿更改CNC系统参数或进行任何参数设定。

2．工作前的准备工作

（1）认真检查润滑系统工作是否正常，如机床长时间未开动，可先采用手动方式向各部分供油润滑。

（2）使用的刀具应与机床允许的规格相符，有严重破损的刀具要及时更换。

（3）调整刀具所用工具不要遗忘在机床内。

（4）刀具安装好后应进行一、二次试切削。

（5）加工前要认真检查机床是否符合要求，认真检查刀具是否锁紧，工件固定是否牢靠。要空运行核对程序并检查刀具设定是否正确。

（6）机床开动前，必须关好机床防护门。

3．工作过程中的安全注意事项

（1）不能接触旋转中的主轴或刀具；测量工件、清理机器或设备时，请先将机器停止运转。

（2）机床运转中，操作者不得离开岗位，机床发现异常现象立即停车。

（3）加工中发生问题时，请按重置键“RESET”使系统复位。紧急时可按急停按钮来停止机床，但在恢复正常后，务必使各轴再返回机械原点。

（4）手动换刀时应注意刀具不要撞到工件、夹具。加工中心刀塔装设刀具时应注意刀具是否互相干涉。

4．工作完成后的注意事项

（1）清除切屑、擦拭机床，使机床与环境保持清洁状态。

（2）检查润滑油、冷却液的状态，及时添加或更换。

（3）依次关掉机床操作面板上的电源和总电源。

■ 拓展问题

通过对安全生产实习知识的学习，谈一谈你对安全生产实习重要性的认识和理解。

FANUC 系统硬件线路连接

数控机床一般由输入输出设备、CNC 装置（或称 CNC 单元）、伺服单元、驱动装置（或称执行机构）、可编程控制器 PLC 及电气控制装置、辅助装置、机床本体及测量装置组成。数控系统硬件线路连接主要指：控制单元与伺服单元、MDI 单元、I/O 模块、手持单元的连接，除此之外还有系统通讯、电源、编码器接口等。

■ **项目学习目标**

1. FANUC 数控系统种类。
2. CNC 系统硬件组成与结构。
3. 系统 I/O 结构、原理。
4. 系统 PMC、NC 信号关系。

■ **项目课时分配**

8 学时

■ **本任务工作流程**

1. 导入新课。
2. 检查讲评学生完成导读工作页情况。
3. 通过对照数控系统实物结构，进行识别作业示范。
4. 讲解 NC、PMC 信号关系。
5. 组织学生对数控系统结构识别作业实习。
6. 巡回指导学生实习。
7. 结合数控系统实物及影像资料，进行理论讲解。
8. 组织学生讨论“拓展问题”。
9. 本任务学习测试。
10. 测试结束后，组织学生填写活动评价表。
11. 小结学生学习情况。

■ **任务所需器材**

数控系统影像资料及课件、数控维修实训台 5 台、系统结构实物图、系统原理图及连接说明书、本任务学习测试资料。

■ 课前导读（阅读教材查询资料在课前完成）

1. 通过查看资料列举 4 种以上不同系列的 FANUC 数控系统（见表 2-1），系统所带字母表示用于什么类型的机床？

表 2-1　　字母与机床类型对应情况

序号	型号字母	FANUC 系统所带字母表示用于什么类型机床？
1	M	车床□　冲床□　加工中心□
2	T	车床□　铣床□　加工中心□
3	P	冲床□　铣床□　激光机床□
4	L	加工中心□　冲床□　激光机床□

2．查看 FANUC 0i-TC 数控系统说明书，写出如图 2-1 所示的 4 个接口分别是什么功能（见表 2-2）？

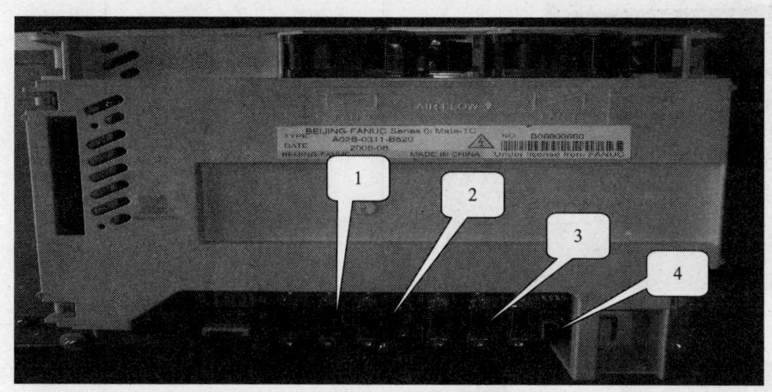

图 2-1　系统接口

表 2-2　　接口功能

序号	接口名称	接口功能
1		
2		
3		
4		

■ 情境描述

学习数控机床安装与连接调试就好像我们去学开车一样，首先我们要先了解清楚哪个是方向盘，哪个是挂挡以及刹车、油门，等等。最后协调使用它们就可以把车控制好。数控机床也一样，我们首先要了解系统与外部的各种连接关系，及连接方式。把整体连接关系搞清楚后我们再去了解每一部分的功能，这样我们就可以更好地把数控机床维修学好（见图 2-2）。

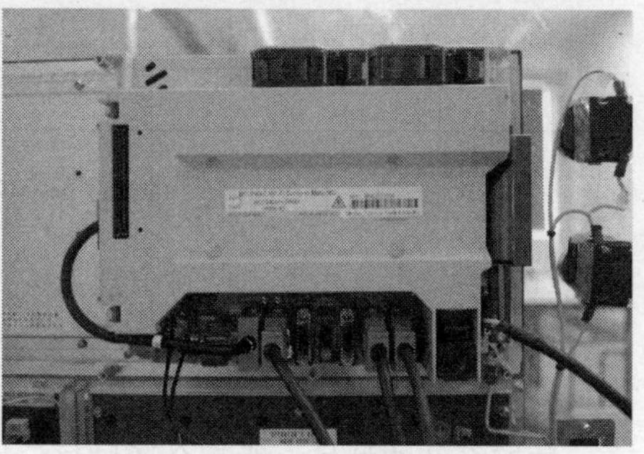

图 2-2　FANUC 系统硬件连接

■ 任务实施

任务实施一　了解 FANUC 数控系统种类

通过资料、书籍、网上查询等渠道去认识 FANUC 数控系统，然后根据所了解的知识，请完成表 2-3 中相对应的系统、系列以及系统状况。

表 2–3　系统系列及状况

系统图片	系统了解情况	系统系列

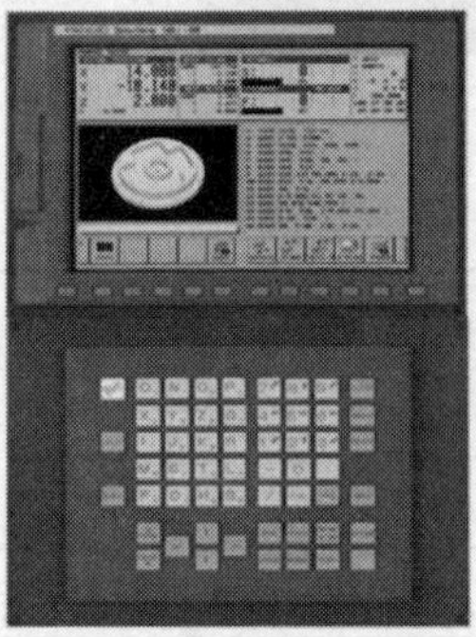 		

讨论：FANUC 公司还生产有哪些系列的数控系统？每种系统有何优点？

____

____

____

任务实施二　FANUC 数控系统型号查看方法

查看系统型号主要有两种方法：

1. 通过显示器上面的黄色条形标牌查看。
2. 通过贴在系统外壳上的铭牌查看。

数控系统的型号一般都会通过显示器上面的黄色条形标牌，如图 2-3 所示：FANUC SERIES 18i-MB。

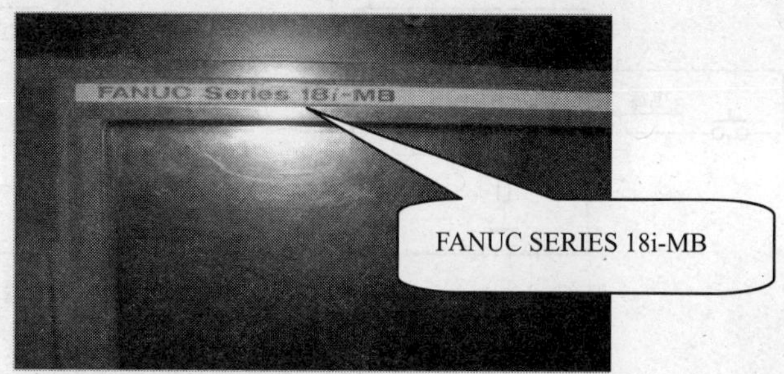

图 2-3 FANUC SERIES 18i-MB

讨论：在一些特殊情况下，有些系统上的黄色条形标牌写得不是 FANUC 系统类型，而是机床的名称，一般会在什么情况出现这种现象？在这种情况下我们如何才能查看到系统型号？

____

____

____

任务实施三 FANUC 数控系统接口连接

数控系统接口连接主要指：

1．控制单元与伺服单元连接

2．MDI 单元连接

3．I/O 模块连接

4．手持单元的连接

除此之外还有系统通讯、电源、编码器接口等。系统连接接口如图 2-4 所示。

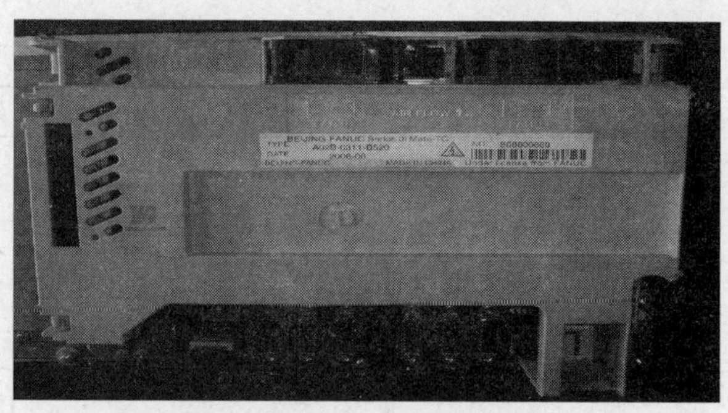

图 2-4 FANUC 数控系统连接口

讨论：学习数控维修对了解数控系统总体连接以及接口定义是非常重要的，通过学习请分析每个接口的定义、作用以及连接注意事项。

____

____

____

任务实施四 系统 I/O 连接

（1）输入接口连接，如图 2-5 所示。

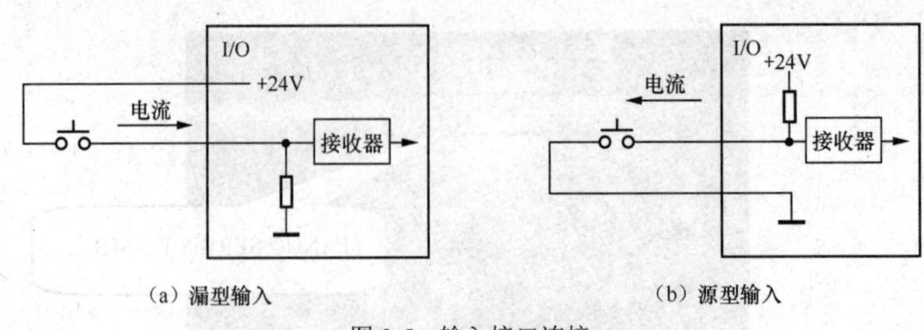

图 2-5 输入接口连接

（2）输出接口连接，如图 2-6 所示。

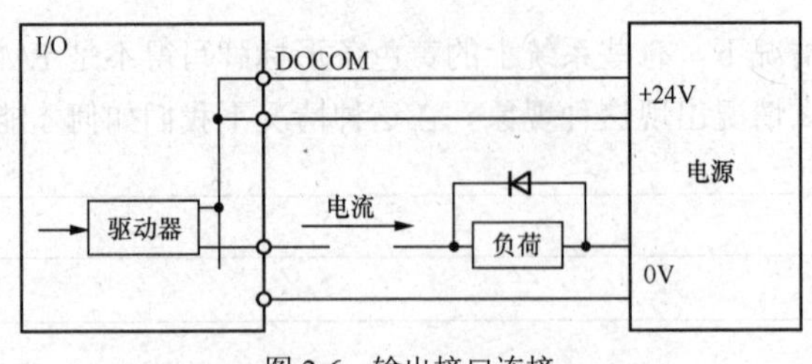

图 2-6 输出接口连接

讨论：什么是漏型输入？什么是源型输入？它们有什么区别？

____

____

____

实施：把漏型输入和源型输入进行切换连接，源型作漏型输入使用，漏型作源型输入使用。

■ 活动评价

表 2–4 职业功能模块教学项目过程考核评价表

专业：数控系统连接与调试　　班级：　　学号：　　姓名：

项目名称：FANUC 0i-TC 系统硬件线路连接

评价项目	评价标准	评价依据（信息、佐证）	评价方式		权重	得分小计	总分
			小组评分	个人评分			
			20%	80%			
职业素质	1. 遵守管理规定、学习纪律、安全操作规程 2. 按时完成学习及工作任务、工作积极主动、勤学好问	1. 考勤 2. 工作及学习态度			20%		
专业能力	1. 课前导读完成情况（10 分） 2. FANUC 数控系统型号查看（15 分） 3. 系统硬件接口定义（15 分） 4. NC、PMC 以及机床侧信号关系（30 分） 5. 系统输入/输出连接（30 分）	1. 项目完成情况 2. 相关记录			80%		
个人评价	学员签名：　　日期：						
教师评价	教师签名：　　日期：						

■ 相关知识

相关知识一 FANUC 数控系统型号类型

FANUC 公司创建于 1956 年的日本，中文名称发那科（也有译成法兰克），是当今世界上数控系统科研、设计、制造、销售实力最强大的企业之一，FANUC 公司逐步发展成为世界上最大的专业数控系统生产厂家之一，产品日新月异，年年翻新。想知道 FANUC 公司有那些数控系统吗？

FANUC 常见系统类型，如表 2-5 所示。

表 2–5 FANUC 系统类型

系列	开发时间	图示
16/18/21 系列	1990—1993 年开发	 FANUC 16/18/21 系列
16i/18i/21i 系列	1996 年开发，该系统凝聚了 FANUC 前期产品的技术精华。	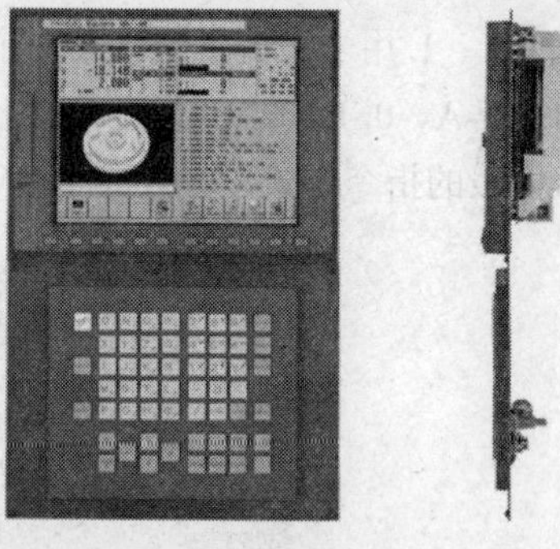 FANUC 16i/18i/21i 系列
0i-A 系列	2001 年开发，具有高可靠性，高性能价格比的 CNC。	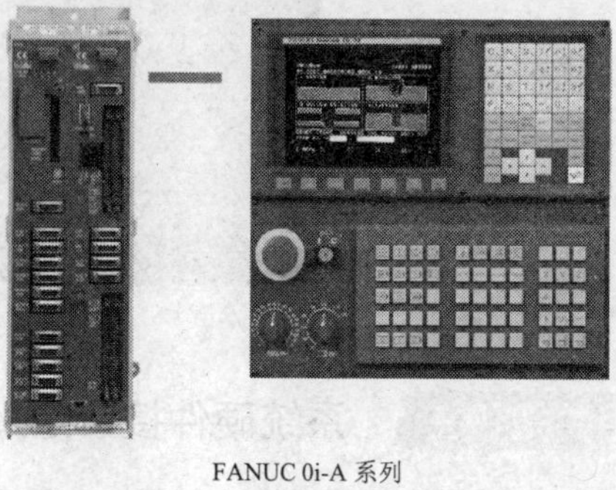 FANUC 0i-A 系列

相关知识二 系统型号查看方法

查看系统型号主要有两种方法：

1. 通过显示器上面的黄色条形标牌，如图 2-7 所示 FANUC SERIES 18i-MB。特殊情况：有些系统上的黄色条形标牌写不是 FANUC 系统类型，而是机床的名称，这样的标牌是 FANUC 公司专门给某些机床厂家制作的。此时可以通过第二种方法查看。

图 2-7 显示器黄色条形标牌

2. 通过贴在系统外壳上的铭牌，也可以查看系统的类型及生产系列号，如图 2-8 所示：FANUC SERIES 18i-MB。18i：表明 FANUC 系统的类型，由这个名称可以知道系统的种类和档次。第一个字母（这里是 M）：表明这种系统用于什么类型的机床，M 用于铣床或加工中心、T 用于车床、P 用于冲床、L 用于激光机床。第二个字母（这里是 B）：表明系统的版本，由系统开发先后来定义，如：0i-A、0i-B、0i-C。同一系统的不同版本有不同地方，0i-A、0i-B 的主要区别在于，系统发送给伺服的指令方式：0i-A 是 PWM 指令电缆，0i-B 是 FSSB（串行伺服总线）光缆。

图 2-8 系统外壳上的铭牌

相关知识三 系统硬件接口定义

（1）系统控制单元接口如图 2-9 所示。

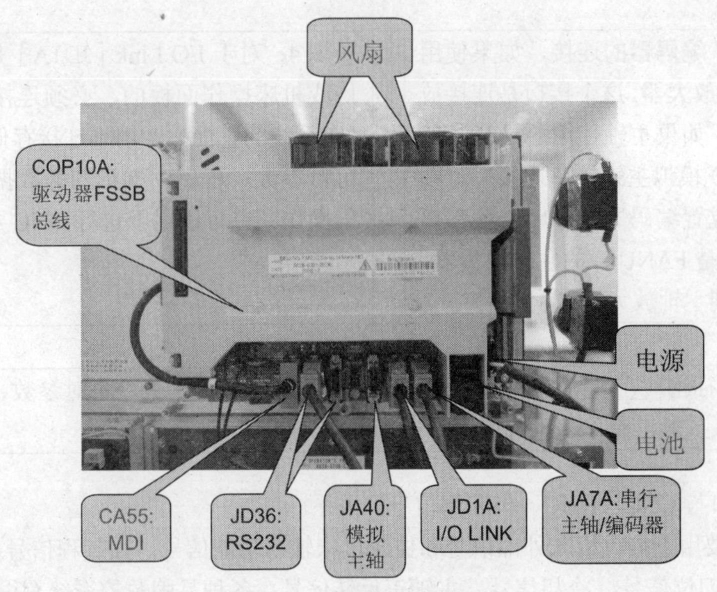

图 2-9 系统控制单元接口

（2）机床操作面板接口如图 2-10 所示。

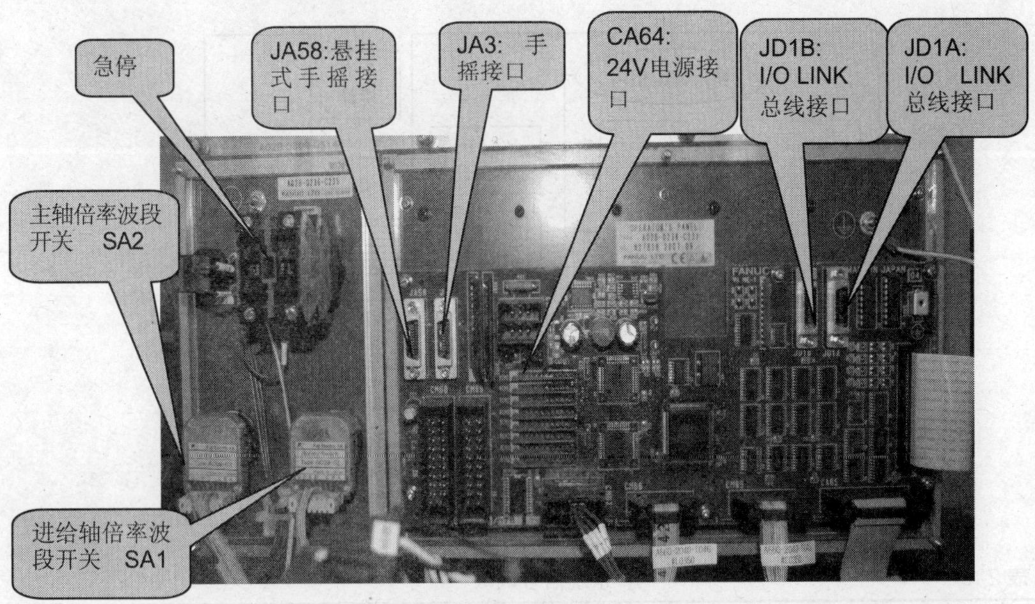

图 2-10 操作面板接口

（3）接口定义。

认识 1：FSSB 光缆一般接左边插口。风扇、电池、软键、MDI 等出厂时已经连接好，不要改动。伺服检测[CA69]可不连接。	认识 2：可能有两个插头，一个为＋24V 输入（左），另一个为+24V 输出（右）。具体接线为（1-24V，2-0V，3-地线）。RS232 接口是系统和电脑接口的通迅连接线。一般接左边（如果不和电脑连接，可不接此线）。

认识 3：主轴 / 编码器的连接，如果使用 FANUC 的主轴放大器，这个接口是连接放大器的指令线；如果主轴使用的是变频器（指令线由 JA40 模拟主轴接口连接），则这里连接主轴位置编码器（车床一般都要接编码器，如果是 FANUC 的主轴放大器，则编码器连接到主轴放大器的 JYA3）。	认识 4：对于 I/O Link［JD1A］是连接到 I/O 模块或机床操作面板的，必须连接。存储卡插槽（在系统的正面），用于连接存储卡（CF 卡），可对参数、程序、梯形图等数据进行输入 / 输出操作，也可以用于进行 DNC 加工。

认识 5：存储卡插槽（在系统的正面），用于连接存储卡（CF 卡），可对参数、程序、梯形图等数据进行输入 / 输出操作，也可以用于进行 DNC 加工。

（4）I/O 接口与 CNC、PMC、机床侧信号的关系。

I/O 接口主要用于接收机床外部信号和控制机床辅助功能信号，如超程信号、回零信号、刀架正反转信号、刀位信号、冷却信号、主轴正反转信号，各种品牌数控系统有很多，了解 I/O 接口与 CNC、PMC、机床侧信号的各种关系，对数控机床故障分析会有很大的帮助。I/O 接口与 CNC、PMC、机床侧信号的关系，如图 2-11 所示，各系统信号含义见表 2-6。

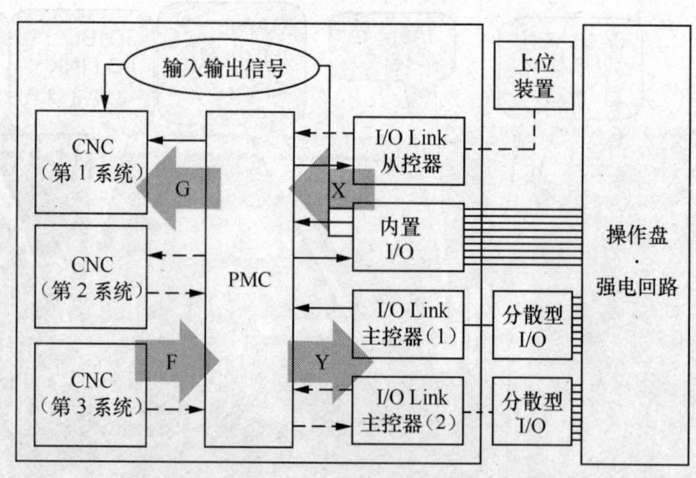

图 2-11　I/O 接口与 CNC、PMC、机床侧信号关系

表 2–6　系统信号认识

序号	组成部分名称	代号	含义
1	计算机控制装置	CNC	CNC 是数控系统的核心部分，主要任务：第一，对输入到数控系统的各种数据、信息进行相应算术和逻辑运算，并根据运算结果，通过各种接口向外围设备发出控制命令，使程序得以执行；第二，负责系统资源管理、任务的调度、零件程序的管理、显示和诊断等任务，保证系统内各功能的协调运作；第三，存储系统程序、零件程序和运算的中间变量以及中断信号等功能

续表

序号	组成部分名称	代号	含义
2	可编程控制器	PMC	PMC 是替代传统的机床强电部分的继电器逻辑电路，利用逻辑运算功能实现各种开关量的控制。具体功能体现为：第一，接收数控系统的控制代码 M（辅助功能）、S（主轴功能）、T（刀具功能）等顺序动作信息，对其进行译码，转换成对应的控制信号；第二，接收机床控制面板和机床侧的 I/O 信号，控制机床的动作和数控系统的工作状态。例如：操作模式的选择、急停信号、限位信号等
3	PMC 与 CNC 通讯信号	G	简称 G 代码，它是用来指定机床运动方式的功能，包括基本移动、平面选择、坐标设定、刀具补偿、固定循环等指令
4	CNC 与 PCM 通讯信号	F	是 CNC 与 PMC 通信地址，CNC 根据 PMC 送过来的 G 信号经过系统软件处理后输出的状态信号
5	输入信号	Y	PMC 到机床侧的信号，开关量，分为可定义和固定义两种，用来控制外部负载
6	输出信号	X	机床侧到 PMC 的信号，开关量，分为可定义和固定义两种，用来接收机床外部信号

相关知识四　系统 I/O 工作原理

1．I/O 接口（如图 2-12 所示）的工作原理

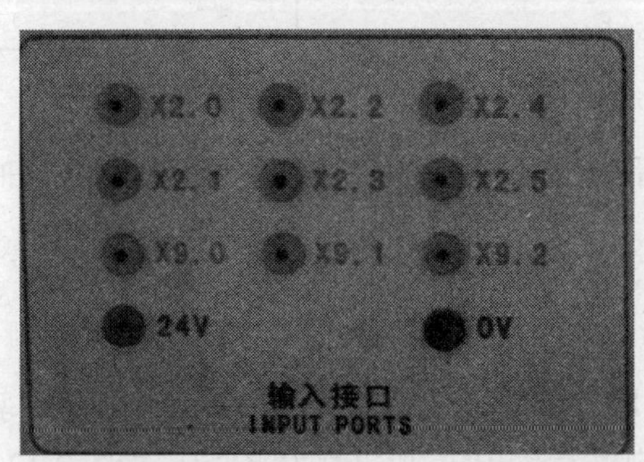

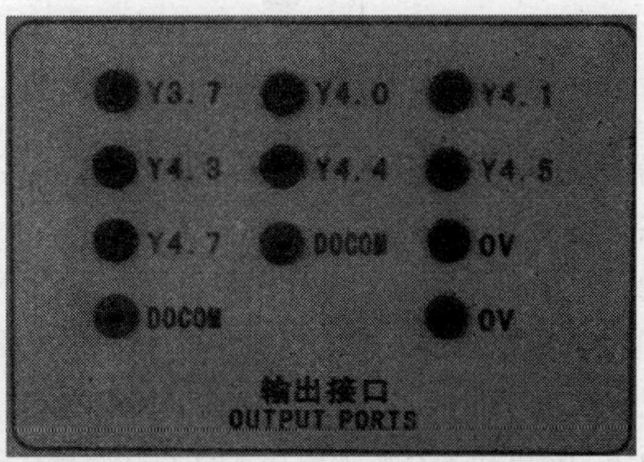

图 2-12　I/O 接口

（1）输入信号的连接

输入信号有漏型和源型两种，安全规格上要求使用漏型，AC 输入型中没有漏型和源型之区别。

① 漏型输入

接收器的输入侧有下拉电阻。开关的接点闭合时，电流（+24V 电压可由外部电源供给）将流入接收器（因为电流是流入的所以称为漏（sink）型），如图 2-13 所示。

② 源型输入

接收器的输入侧有上拉电阻。开关的接点闭合时，电流（+24V 电压由内部电源供给）将从接收器流出（因为电流是流出的所以称为源（source）型），如图 2-14 所示。

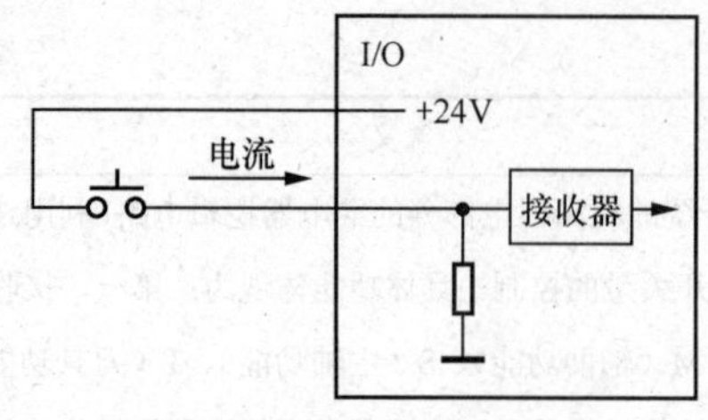

图 2-13 漏型输入信号连接

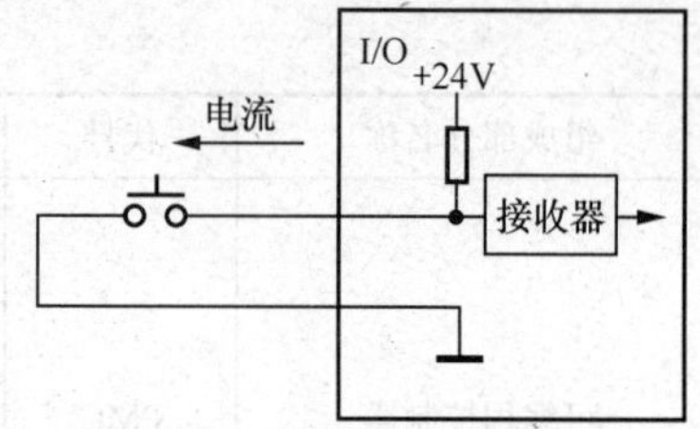

图 2-14 源型输入信号连接

注：文中所述的漏型实际就是我们常说的灌电流型。源型就是拉电流型。

③ 漏型和源型的切换

在分线盘 I/O 模块等部分印刷板上，可切换使用漏型和源型。 详细请看“连接说明书（硬件篇）”

【漏型输入】

作漏型输入使用时，把 DICOM 端子与 0V 端子相连接。如图 2-15 所示。

【源型输入】

作源型输入使用时，把 DICOM 端子与+24V 端子相连接。如图 2-16 所示。

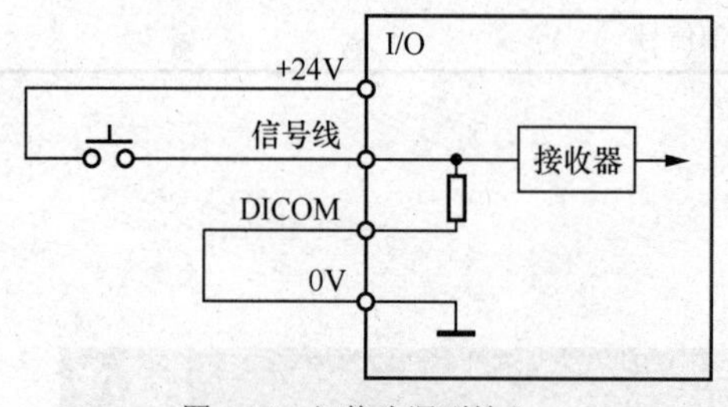

图 2-15 切换为漏型输入

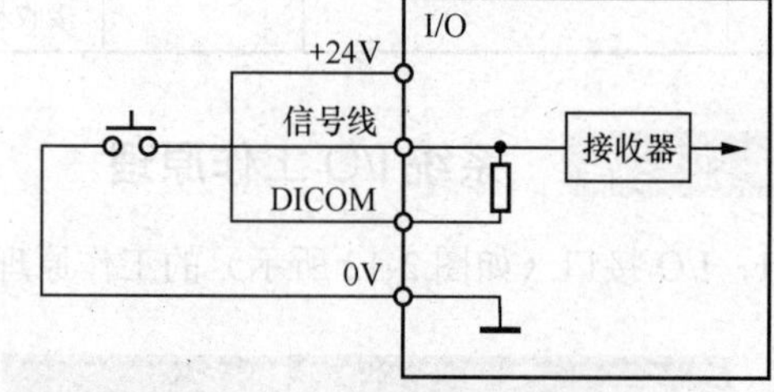

图 2-16 切换为源型输入

漏型输入和源型输入的内部电路是相同的，所以上述接线情况，当按类 A 接点的按钮时，信号状态即变为 0。

（2）输出信号的连接

① 源型输出

把驱动负载的电源接在印刷板的 DOCOM 上，PMC 接通输出信号（Y）时，印刷板内的驱动回路即动作，输出端子有施加电压（因为电流是从印刷板上流出的，所以称为源型），如图 2-17 所示。

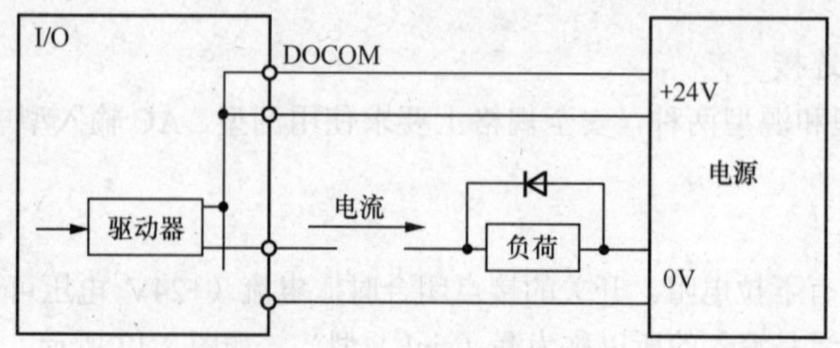

图 2-17 源型输出原理图

为确保电流容量，备有多个 DOCOM 端子，而且所有的 DOCOM 端子连接了外部电源的电源线，电源线使用 30/0.18（$0.75mm^2$）以上的电缆线。

② 源型驱动元件

输出用的驱动元件，每个有 8 点的输出电路。输出信号接通情况下出现输出短路等过电流状态时，先将输出信号断开一下，然后再接通。持续出现短路状态时，则重复进行开/关。持续处于过电流状态时，驱动器的元件处于加热状态，元件内部的电子保险发生动作而关闭其元件（8 点）。电子保险在切断电源后将自动复位。因为电子保险的动作状态在 PMC 上可作为输入信号(X 或 F)读取，所以能进行点亮报警指示灯或显示信息等的处理。I/O 印刷板种类不同，电子保险报警信号的具体编号也不同（请查看产品说明书）。PMC 接通输出信号(Y)时，印刷板内的驱动回路即动作，输出端子变为 0V。因为电流是流入印刷板的，所以称为漏型。为安全起见，请用源型输出插件，如图 2-18 所示。

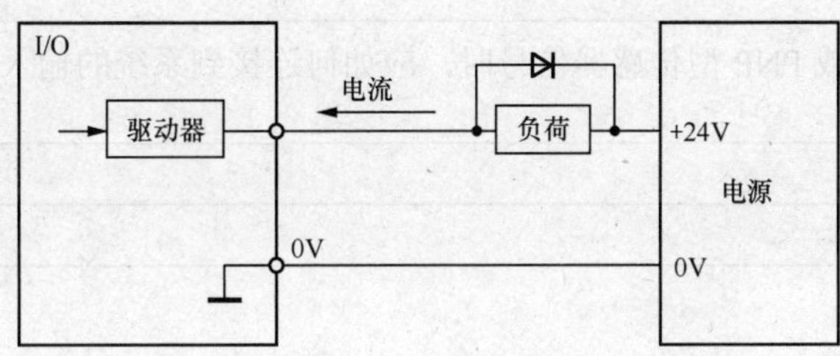

图 2-18 源型输出

2．CNC 接线原理图（见图 2-19）

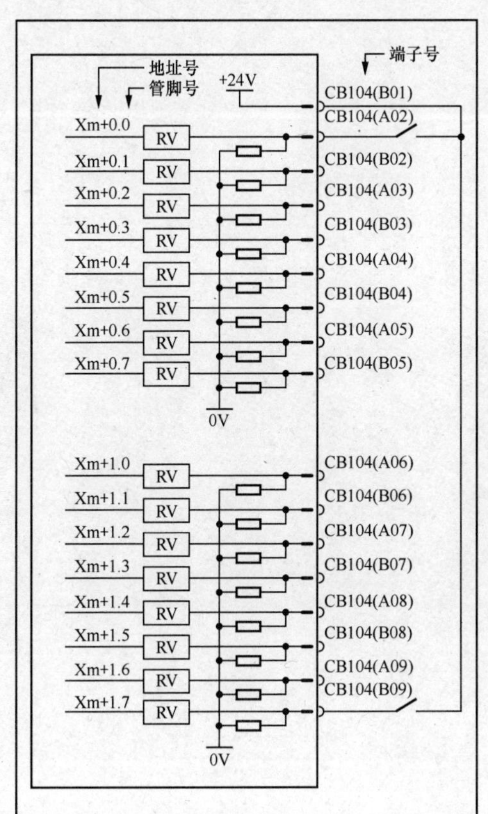

（a）输入外围接口

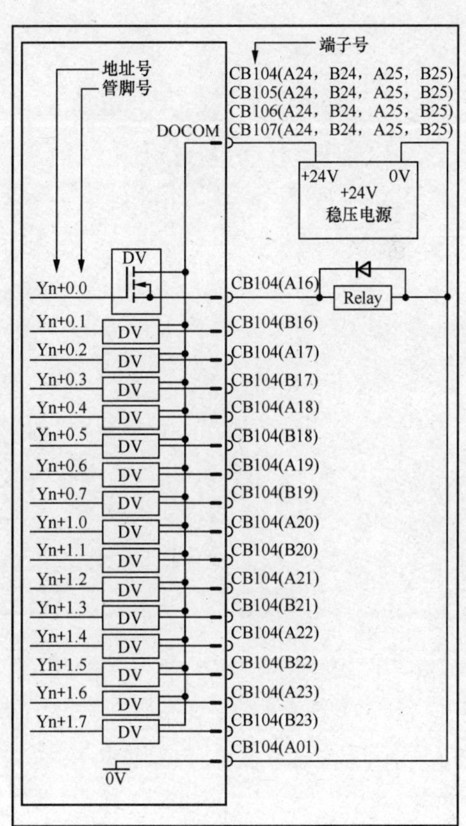

（b）输出外围接口

图 2-19 CNC 接线原理图

■ 拓展问题

1．分析系统输入回路的工作原理。

分析：______

2．分析系统输出回路的工作原理。

分析：______

3．当使用 NPN 型或 PNP 型传感器信号时，应如何连接到系统的输入回路？

分析：______

FANUC 数控系统数据备份

数控系统的正确运行，必须保证各种数据参数的正确设定。不正确的设置或更改，都可能会造成机床运行出错。如果系统数据丢失，将会造成严重后果。所以，此时做好数控系统数据的备份显得尤为重要。

■ **项目学习目标**

1. 了解数控系统的数据分区。
2. 了解数控系统的数据分类。
3. 掌握数控系统各种数据备份的方法。

■ **项目课时分配**

10 学时

■ **本任务工作流程**

1. 导入新课。
2. 检查讲评学生完成导读工作页情况。
3. 对照数控系统实物图作数据备份操作示范。
4. 结合解剖数控系统实物及影像资料，进行理论讲解。
5. 组织学生对系统数据备份作业实习。
6. 巡回指导学生实习。
7. 组织学生“拓展问题”讨论。
8. 本任务学习测试。
9. 测试结束后，组织学生填写活动评价表。
10. 小结学生学习情况。

■ **任务所需器材**

数控系统数据备份课程影像资料及课件、数控维修实训台 5 台、CF 卡 5 张、本任务学习测试资料。

■ 课前导读（阅读教材查询资料在课前完成）

1. 通过查询资料，请将图 3-1 所示带红色标签的不同按钮此时的功能和作用填入表 3-1 中。另外，数字 128 说明了什么？

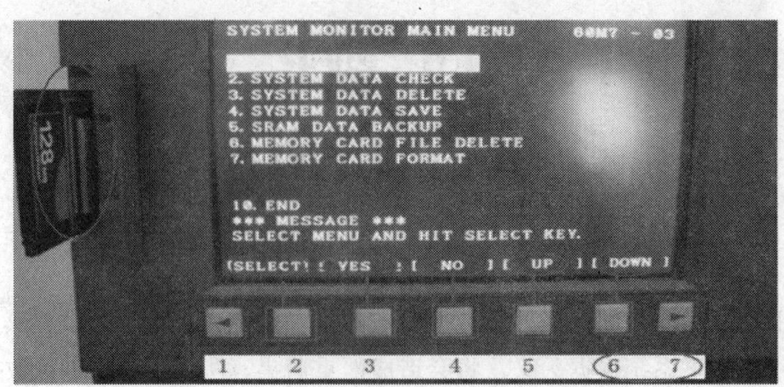

图 3-1 FANUC 数控系统数据备份画面

表 3–1 控钮功能、作用

序号	名称	功能
1		
2		
3		
4		
5		
6		
7		

2．如图 3-2 和图 3-3 所示，CF 卡与适配器有那些型号、种类以及在使用的时候应注意什么？

图 3-2 CF 卡

图 3-3 适配器

■ 情境描述

某工厂一台 FANUC 系统在加工中出现了故障——出现动作错乱并报警，无法正常工作。张师傅在经过一番观察后，在数控系统上面进行一番简单操作，机床就恢复了正常工作，徒弟有些茫然，于是他请教了师傅，师傅对给他讲了许多（见图 3-4）。你想知道师傅给徒弟讲些什么吗？

图 3-4 现场故障分析

■ 任务实施

任务实施一 数据存储区与数据分类

进行数控系统数据备份前，首先我们要对数控系统的数据有所了解，比如系统数据的分类等。根据所学知识，解释图 3-5 中 FRON 与 SRAM 分别是什么意思，它们分别用来存储那些数据？

1. SYSTEM DATA LOADING	：把文件写入 FROM
2. SYSTEM DATA CHECK	：确认 FROM 内文件的版本
3. SYSTEM DATA DELETE	：删除 FROM 内的用户文件
4. SYSTEM DATA SAVE	：保存 FROM 内的用户文件
5. SRAM DATA BACKUP	：保存和恢复 SRAM 内的数据
6. MEMORY CARD FILE DELETE	：删除 SRAM 存储卡内的文件
7. MEMORY CARD FORMAT	：存储卡的格式化（存储卡的初始化）
10. END	：结束 BOOT

图 3-5 数据备份菜单

讨论：FANUC 数控系统两个存储区有什么区别，数据分为哪几类？

____

____

____

任务实施二 CF 卡使用与数据丢失

在数控系统数据备份过程中，我们会使用到 CF 卡以及适配器，如图 3-6 所示，在使用 CF 卡和适配器的时候我们应该注意哪些事项？

讨论：FANUC 数控系统数据丢失有那些原因？

____

____

____

____

图 3-6　CF 卡与适配器

任务实施三　BOOT 系统启动

FANUC 数控系统的启动和计算机的启动一样，会有一个引导过程。在通常情况下，使用者是不会看到这个引导系统。但是使用存储卡进行备份时，必须要在引导系统界面进行操作，如图 3-7 所示。

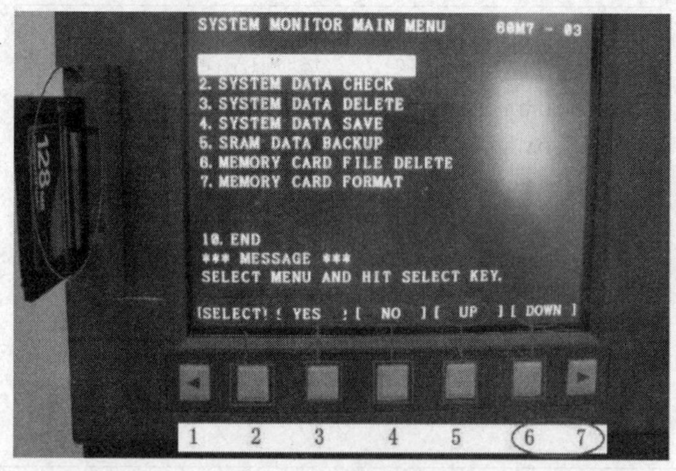

图 3-7　BOOT 系统界面

讨论：如果遇到系统操作面板没有软键盘应该如何操作数据备份？

实施：请在 FANUC 数控系统维修实训台进行启动 BOOT 系统操作。

任务实施四　系统数据备份与恢复

系统数据备份包括：存储卡格式化和删除存储卡文件、输出/输入 SRAM 数据（用电池保存的数据备份）、输出和输入用户文件。各种操作可以在如图 3-8 所示的对应菜单进行。各菜单的功能如表 3-2 所示。

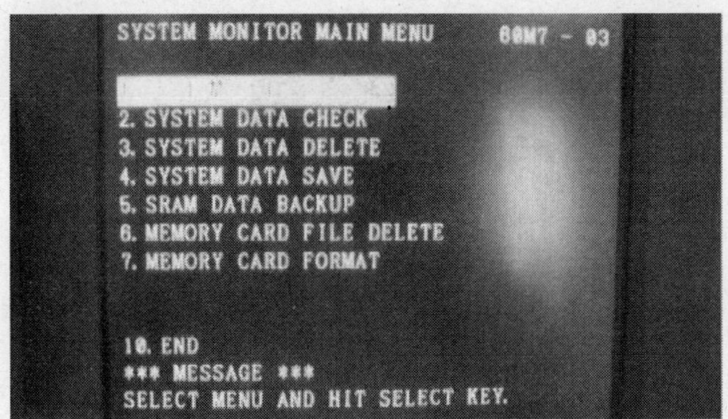

图 3-8 BOOT 系统菜单

表 3–2 菜单功能

序号	菜单功能（备份哪一类数据）
1	输入对话框（把文件写入 FROM）
2	确认 FROM 内文件的版本
3	删除 FROM 内的用户文件
4	保存 FROM 内的用户文件
5	保存会删除 SRAM 内的数据
6	删除 SRAM 存储卡内的文件
7	存储卡的格式化

实施：请在数控系统维修实训台上进行各种数据备份、恢复、CF 卡格式化等操作。

任务实施五 结束 BOOT 系统

当在 BOOT 系统进行各种数据备份或恢复以后，我们需要退出系统结束 BOOT 系统操作，返回系统加工操作界面，如图 3-9 和图 3-10 所示。

图 3-9 BOOT 系统操作界面

实施：请在数控系统维修实训台上进行结束 BOOT 系统操作。

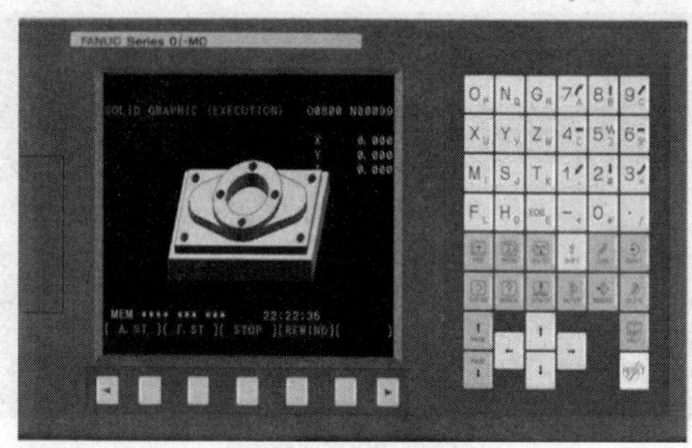

图 3-10　加工操作界面

■ 活动评价

表 3–3　　　　　　　　职业功能模块教学项目过程考核评价表

<table>
<tr><td colspan="3">专业：数控系统连接与调试　　　　班级：</td><td colspan="2">学号：</td><td colspan="3">姓名：</td></tr>
<tr><td colspan="8">项目名称：FANUC 0i-TC 数控系统数据备份</td></tr>
<tr><td rowspan="3">评价项目</td><td rowspan="3">评价标准</td><td rowspan="3">评价依据（信息、佐证）</td><td colspan="2">评价方式</td><td rowspan="3">权重</td><td rowspan="3">得分小计</td><td rowspan="3">总分</td></tr>
<tr><td>小组评分</td><td>个人评分</td></tr>
<tr><td>20%</td><td>80%</td></tr>
<tr><td>职业素质</td><td>1. 遵守管理规定、学习纪律、安全操作规程
2. 按时完成学习及工作任务、工作积极主动、勤学好问</td><td>1. 考勤
2. 工作及学习态度</td><td></td><td></td><td>20%</td><td></td><td rowspan="2"></td></tr>
<tr><td>专业能力</td><td>1. 课前导读完成情况（10 分）
2. 系统数据存储与分类（10 分）
3. 启动与结束 BOOT 系统（10 分）
4. 存储卡格式化和删除存储卡文件（30 分）
5. 输出/输入 SRAM 数据（30 分）
6. 输出和输入用户文件（10 分）</td><td>1. 项目完成情况
2. 相关记录</td><td></td><td></td><td>80%</td><td></td></tr>
<tr><td>个人评价</td><td colspan="7">学员签名：　　　　日期：</td></tr>
<tr><td>教师评价</td><td colspan="7">教师签名：　　　　日期：</td></tr>
</table>

■ 相关知识

相关知识一　数据存储区与数据分类

进行数控系统数据备份前，首先我们要对数控系统的数据有所了解，比如系统数据的分类、数据备份需要注意的事项、CF 卡的认识等相同的 CF 卡由于内存大小的不同，可能导致数据备份失败，所以数据备份前对相关知识的了解是非常重要的。

软件了解：数控系统数据分类与分区

1．系统数据分区： NC 内有 SRAM 和 FROM 两个存储区，分别存储有以下数据： （1）FROM—FLASH-ROM 只读存储器，用于存储系统文件和机床文件； （2）SRAM—静态随机存储器，用于存储用户数据，断电后需要电池保护，所以有易失性。	SRAM 存储器的数据：CNC 参数、PMC 参数、螺距误差补偿量、刀具补偿量、加工程序、宏变量数据、刀具寿命管理数据等； FROM 存储器的数据：CNC 系统软件、数字伺服软件、PMC 系统软件、维修信息数据、PMC 程序、C 语言执行程序等。   FLASH-ROM 芯片 S-RAM 芯片
2．系统数据分类： 数据文件主要分为系统文件、（MTB）机床制造厂文件和用户文件。	（1）系统文件：FANUC 提供的 CNC 和伺服系统控制软件。 （2）MTB 文件：PMC 程序“机床厂编辑的宏程序执行器（MANUAL GUIDE 及 CAP 文件）。 （3）用户文件：系统参数、螺距误差补偿值、加工程序、宏程序、PMC 参数、刀具补偿值。
3．SRAM 存储器与 FROM 存储器区别： SRAM 存储器与 FROM 存储器里面存储的数据不同之外，保存方式也不同。	（1）存在 SRAM 中间的数据由于断电后需要电池的保护，有易失性。所以保留数据非常必要，此类数据需要通过 BACKUP 的方式或者通过数据输入输出的方法进行保存。 （2）存在 FROM 中的数据相对稳定，一般情况下不容丢失，但是遇到需要更换 CPU 板或者存储器板时候，在 FROM 中的数据均有可能丢失。在 FANUC 公司有恢复数据。

相关知识二 CF 卡使用与数据丢失原因

不同的 FANUC 数控系统，CF 卡的插口在不同的位置，有的在数控系统背面，有的在数控单元面板上。FANUC OiM—TC 系统的 CF 卡的插口在控制单元面板上。CF 卡的品牌也有很多种，在购买 CF 卡的时候，最好选用机床厂家提供的品牌，了解 CF 卡正确使用对我们在备份系统数据时会有很大帮助。

1. 硬件了解：CF 卡接口和 CF 卡

（1）CF 卡的插口 设置在控制单元面板上的 CF 卡的插口	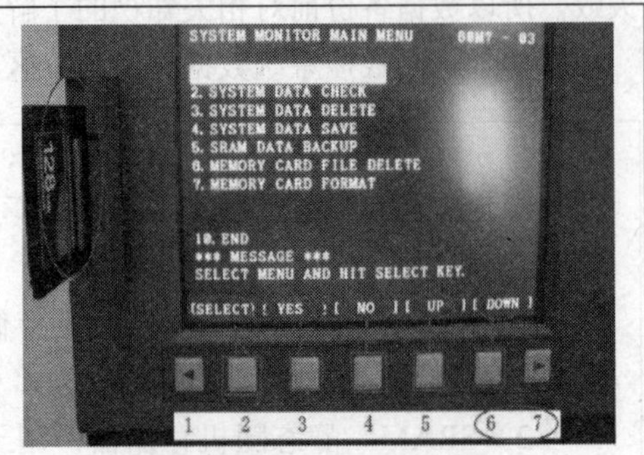
（2）CF 卡的插口 设置在 CNC 系统模块上的 CF 卡的插口	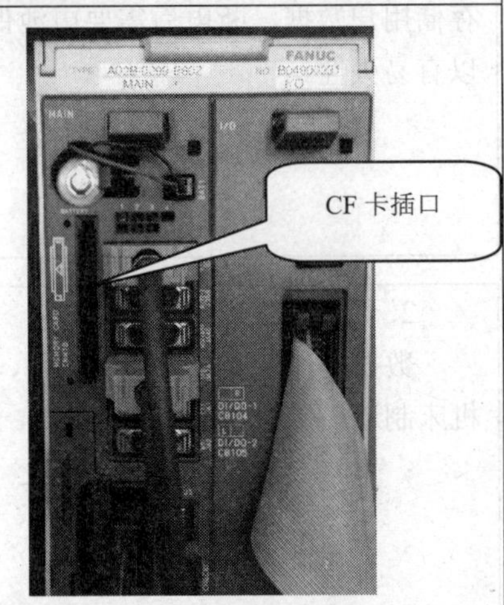
（3）CF 卡与适配器 ① CF 卡只能用于 GP77R 和 GP2000 系列，其中 GP77R 系列需适配器。 ② 当存放新的的数据到 CF 卡时，将覆盖旧的数据，CF 卡的可用空间必须大于存放数据的大小，因为在的数据被删除之前先写新的数据。 ③ 不要带电插拔，插入 CF 卡时注意正反。 ④ 使用时注意避免震动场合和远离磁场。 ⑤ 在进行 CF 卡传输时避免掉电。	 CF 卡  适配器

2．系统数据参数丢失的原因（见表 3-5）

数控系统参数丢失的原因很多，掌握其丢失的原因不仅对更好使其恢复至关重要，更有利于保护好参数，以防下次丢失。经过分析，数控系统参数的丢失的原因主要有所列几种。	（1）数控系统后备电池失效。
	（2）参数存储器故障或元器件老化。
	（3）机床长期不用，没有对机床上电。
	（4）机床在 DNC 状态加工或者通讯过程中迅速停电。
	（5）受到外部干扰，使参数丢失或发生混乱。
	（6）操作者的误操作。

相关知识三　启动 BOOT 系统

FANUC 数控系统的启动和计算机的启动一样，会有一个引导过程。在通常情况下，使用者不会看到这个引导系统。但是使用存储卡进行备份时。必须要在引导系统画面进行操作。在使用这个方法进行数据备份时，首先必须要准备一张符合 FANUC 系统要求的存储卡（CF 卡）。

1．准备存储卡

（1）	确认存储卡的“WRITE PROTECT（写保护）”是关断的（可以写入）	
（2）	切断 NC 电源，把存储卡插入显示器左侧面的存储器插槽中。请注意存储卡插入的方向	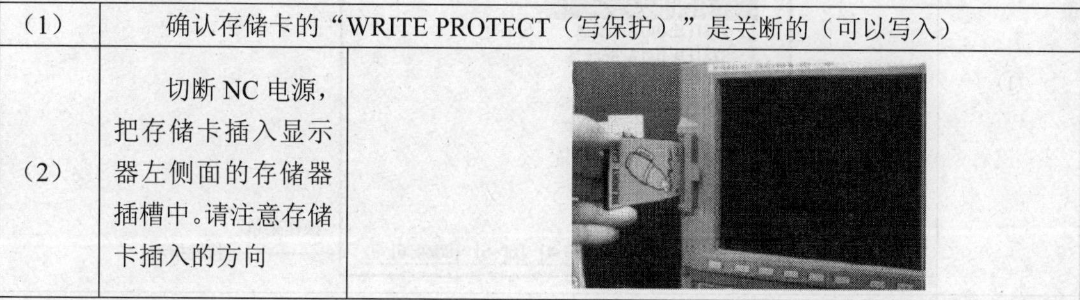

2．启动 BOOT 系统

（1）带有软件的系统

①	启动 BOOT 系统	同时按下右端的两个软键，并同时接通电源直到出现 BOOT 画面。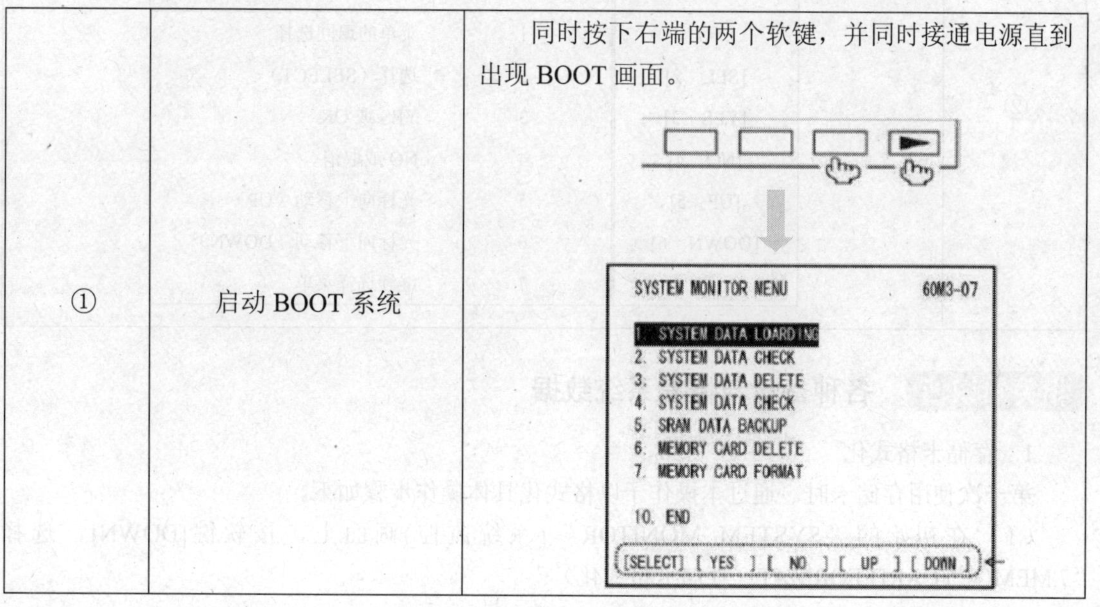

②	BOOT 系统的菜单和作业内容如下所示： 1. SYSTEM DATA LOADING ：把文件写入 FROM 2. SYSTEM DATA CHECK ：确认 FROM 内文件的版本 3. SYSTEM DATA DELETE ：删除 FROM 内的用户文件 4. SYSTEM DATA SAVE ：保存 FROM 内的用户文件 5. SRAM DATA BACKUP ：保存和恢复 SRAM 内的数据 6. MEMORY CARD FILE DELETE ：删除 SRAM 存储卡内的文件 7. MEMORY CARD FORMAT ：存储卡的格式化（存储卡的初始化） 10. END ：结束 BOOT

（2）不带软件的系统

① 按住 MDI 键中的 6 和 7 两个键，并同时接通电源直到出现下面的界面：

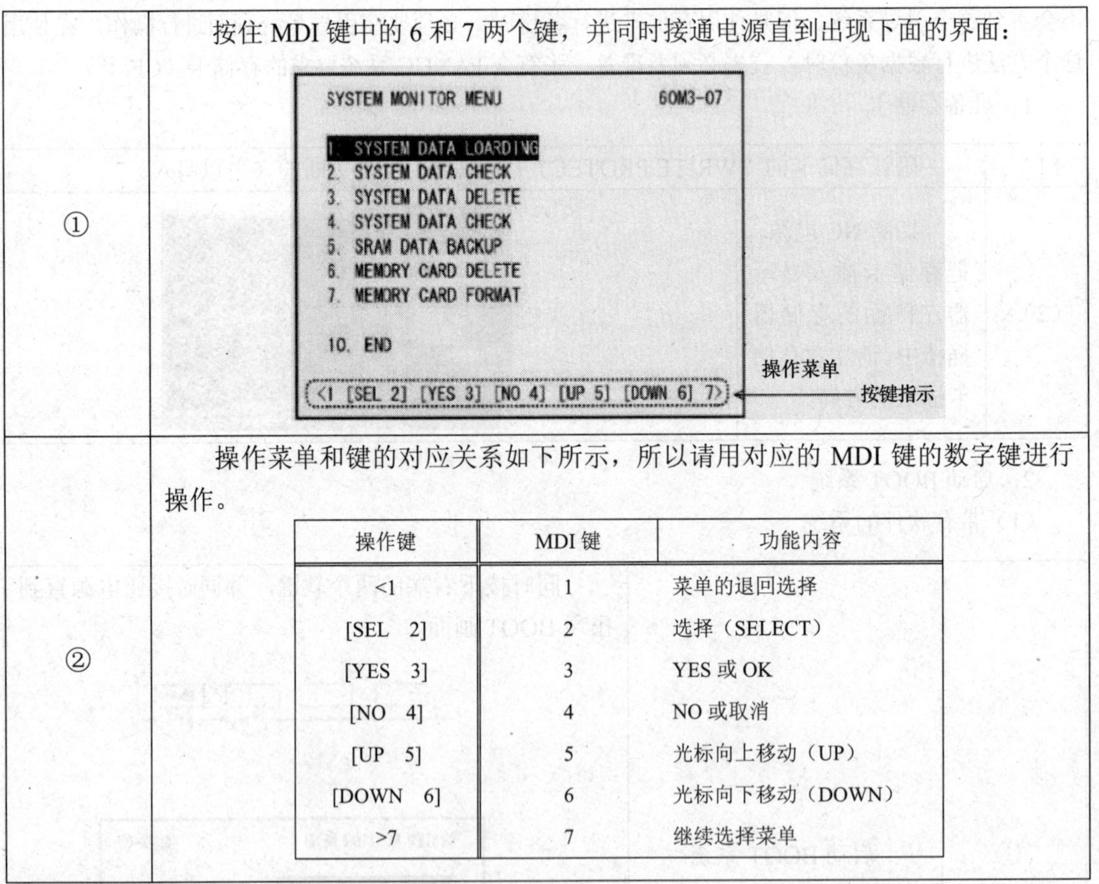

② 操作菜单和键的对应关系如下所示，所以请用对应的 MDI 键的数字键进行操作。

操作键	MDI 键	功能内容
<1	1	菜单的退回选择
[SEL 2]	2	选择（SELECT）
[YES 3]	3	YES 或 OK
[NO 4]	4	NO 或取消
[UP 5]	5	光标向上移动（UP）
[DOWN 6]	6	光标向下移动（DOWN）
>7	7	继续选择菜单

相关知识四 各种备份与恢复系统数据

1．存储卡格式化

第一次使用存储卡时，通过本操作予以格式化具体操作步骤如下。

（1）在初始的“SYSTEM MONITOR”(系统监控)画面上，按软键[DOWN]，选择“7.MEMORYCARD FORMAT（存储卡格式化）”。

```
6.MEMORY CARD FILE DELETE
7.MEMORY CARD FORMAT
```

（2）按软键[SELECT]（选择）后，显示如下所示的询问格式。

```
*** MESSAGE ***
MEMORY CARD FORMAT OK ? HIT YES OR NO.
```

（3）按软键[YES]后，确认存储卡开始进行格式化处理。如要取消则按[NO]。

```
*** MESSAGE ***
FORMATTING MEMORY CARD.
```

（4）稍停一会儿后，显示如下所示的“FORMAT COMPLETE（格式化结束）”的信息。

```
*** MESSAGE ***
FORMAT COMPLETE. HIT SELECT KEY.
```

（5）此时，按软键[SELECT]，选择后面的作业菜单。

2．删除存储卡文件

删除存储卡文件的步骤如下。

（1）在系统的“SYSTEM MONITOR”后面，按软键[DOWN]后，选择删除文件的菜单：“6.MEMORY CARD FILE DELETE（存储卡文件删除）”。

```
5.SRAM DATA BACKUP
6.MEMORY CARD FILE DELETE
```

（2）按软键[SELECT]后，显示如下登录在存储卡的文件清单。

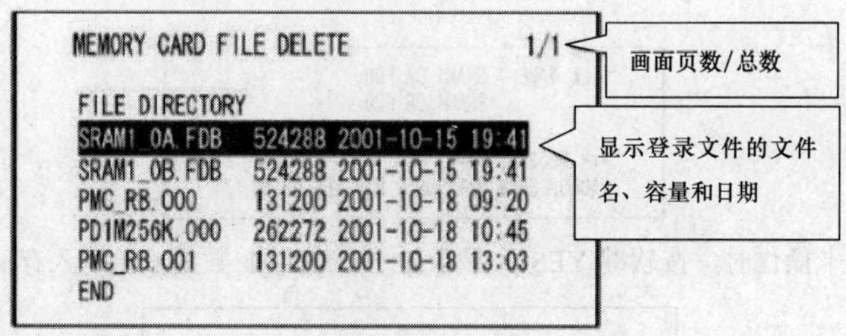

（3）选择软键[DOWN]、[UP]、确定欲删除的文件。

（4）按软键[SELECT]后，显示如下所示询问删除文件的信息。

```
*** MESSAGE ***
DELETE OK ? HIT YES OR NO.
```

（5）按软键[YES]后，确认开始删除所选择的文件。如要取消时，则按软键[NO]。结束后，如下所示，显示“DELETE COMPLETE（删除结束）”。

```
*** MESSAGE ***
DELETE COMPLETE. HIT SELECT KEY.
```

（6）按软键[SELECT]后，再次显示删除后的存储卡内的文件清单。

（7）继续删除其他文件时，重复操作（1）～（5）步骤。

（8）要结束时，把光标移到“END”上，并按软键[SELECT]后，退到系统的“SYSTEMMO NITOR”画面。

3．输出 SRAM 数据（用电池保存的数据备份）

输出 SRAM 数据的步骤如下。

（1）在系统的“SYSTEM MONITOR（系统监控）”画面上，按软键[DOWN]后，选择“5.SRAMDATA BACKUP”选项。

```
4. SYSTEM DATA SAVE
5. SRAM DATA BACKUP
```

（2）这时，按软键[SELECT]。显示如下界面。

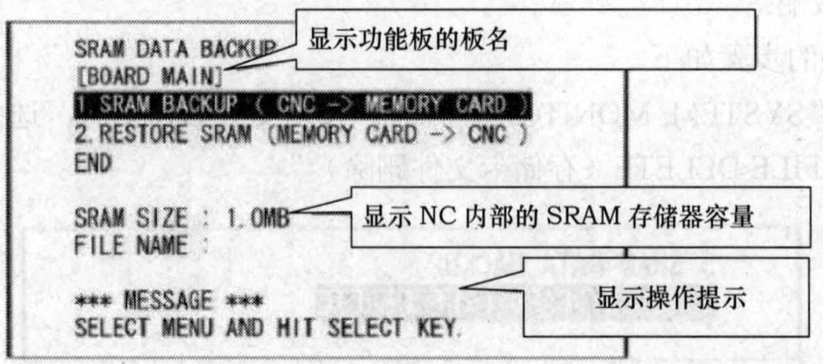

（3）这时，确认光标处于“1.SRAM BACKUP”位置，按软键[SELECT]后，显示如下所示的询问。

```
FILE NAME : SRAM1_0A.FDB
            SRAM1_0B.FDB

*** MESSAGE ***
BACKUP SRAM DATA OK ? HIT YES OR NO.
```

（4）进行写卡操作时，按软键[YES]，显示如下，SRAM 数据开始写入存储卡。

```
*** MESSAGE ***
SRAM DATA WRITING TO MEMORY CARD.
```

此时，存储卡内有相同文件名时，将显示如下所示是否覆盖文件的信息。进行覆盖时，按软键[YES]后就开始覆盖并写入，并移到 e。取消时，按软键[NO]，换新的存储卡，再次进行操作写入。

```
*** MESSAGE ***
BACKUP FILE OVER WRITE OK ? OR NO.
```

（5）写入结束后，显示“SRAM BACKUP COMPLETE”。

```
*** MESSAGE ***
SRAM BACKUP COMPLETE. HIT SELECT KEY.
```

如果存储卡内没有空白区，将显示如下信息，所以按软键[SELECT]，换成新的存储卡，再次进行操作写入。

```
*** MESSAGE ***
MEMORY CARD FULL. HIT SELECT KEY.
```

（6）结束后，按一下软键[SELECT]。这时，把光标移到如下所示的“END”上，然后按软键[SELECT]，退到系统的“SYSTEMMONITOR”界面。

```
1.SRAM BACKUP ( CNC -> MEMORY CARD )
2.RESTORE SRAM (MEMORY CARD -> CNC )
END
```

（7）需要时，选择其他作业菜单项。输出其他板内的 SRAM 数据时，重复操作以上步骤。

4．输出用户文件

从 F-ROM 模块读出信息。此操作可以把装在 NC 控制器 FROM 存储器中的机床厂用户输出到存储卡中，操作步骤如下。

（1）在“SYSTEM MONITOR（系统监控）”界面上选择如下所示的“4.SYSTEM DATA SAVE”选项。

```
3.SYSTEM DATA DELETE
4.SYSTEM DATA SAVE
```

（2）按软键[SELECT]后，FROM 存储器内所登录的软件的文件名显示如下。

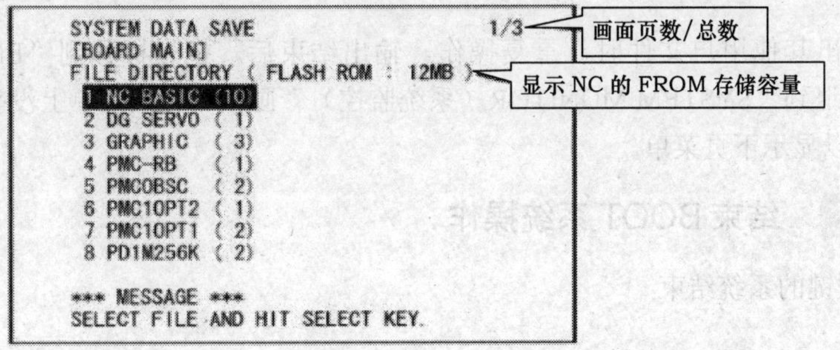

FROM 存储器内文件名及用户文件的对应如表 3-4 所示。

表 3-4　　FROM 存储器内文件名与用户文件的对应

文件名	内容	文件种类
NC DASIC	CNC 软件	系统文件
NCn OPIN	CNC 软件	系统文件
DG SERVO	数字伺服软件	系统文件
DG2SERVO	数字伺服软件	系统文件
GRAPHIC	图形软件	系统文件
PMM	Power Mate 管理软件	系统文件
OCS	Fapt Link 软件	系统文件
PMCn****	PMC 控制软件	系统文件
MINFO	维护信息数据	用户文件
CEX ****	C 语言执行程序	用户文件
PCD ****	P-CODE 宏文件	用户文件
PDn ****	P-CODE 宏文件	用户文件
PMC-****	梯形图程序	用户文件
PMCO****	上料器用梯形图程序	用户文件

（3）用光标选择所要输出的用户文件。按软键［SELECT］后，显示如下所示的询问。确认后，按软键［YES］，就把所选择的用户文件存到存储卡中。

```
*** MESSAGE ***
SAVE OK ? HIT YES OR NO KEY.
```

（4）在进行写存储卡时，显示如下信息。

（5）结束时，显示如下信息，确认后请按软键［SELECT］。

```
*** MESSAGE ***
FILE SAVE COMPLETE. HIT SELECT KEY.
```

（6）要输出其他用户文件时，重复操作。输出结束后，把光标移到“END”上，按软键［SELECT］，退到“SYSTEM MONITOR（系统监控）”画面。如果菜单上没有显示“END”，请按“→”，以显示下页菜单。

相关知识五　结束 BOOT 系统操作

1．带有软键的系统结束

步骤：

（1）	在各个作业菜单画面上，把光标移到“END”（结束）上后，按软键［SELECT］回到 BOOT 系统最初的“SYSTEM MONITOR（系统监控）”画面。
（2）	在“SYSTEM MONITOR（系统监控）”画面上，按软键［DOWN］，选择如下所示的“10.END”。 “10.END” 7. MEMORY CARD FORMAT 10. END
（3）	这时，按软键［SELECT］后，显示如下所示的询问。 *** MESSAGE *** ARE YOU SURE ? HIT YES OR NO.
（4）	要结束时，按软键［YES］。稍停一会儿后，就变为通常的电源接通状态，显示 NC 界面。要取消时，按软键［NO］。根据需要，取下存储卡。

2．不带软键的系统结束

步骤：

（1）	在各个作业菜单界面上，因为要把光标移到“END”（结束）上后进行选择，所以按数字键“2”，回到 BOOT 系统最初的“SYSTEM MONITOR（系统监控）”界面。
（2）	在“SYSTEM MONITOR（系统监控）”界面上，按数字键“6”，选择如下所示的“10.END”。 “10.END” 7. MEMORY CARD FORMAT 10. END
（3）	这时，按数字键“2”后，显示如下所示的询问信息。 *** MESSAGE *** ARE YOU SURE ? HIT YES OR NO. 要结束一会儿后，就变为通常的电源接通状态，显示 NC 界面。要取消时，按数字键“4”。根据需要，取下存储卡。

■ 拓展问题

我们已经在 FANUC 数控系统上进行了 SRAM 存储区数据输出，以及从 F-ROM 模块输出用户文件。通过练习、查看资料进行以下操作：

1．把正确数据输入到 SRAM 存储区。

2．从 F-ROM 模块输入用户文件。

FANUC 急停、超程功能调试

在完成 FANUC 系统的外围信号连接与系统数据备份之后，接下来对系统对数控机床的控制信号进行分析。一台数控设备要实现正常的运行调试，必须先使系统运行信号进行调试，如急停信号和超程信号。

■ **项目学习目标**

1．急停信号、超程信号连接。

2．急停与超程信号的诊断。

3．急停与超程信号故障的排除。

4．I/O 模块设置。

■ **项目课时分配**

8 学时

■ **本任务工作流程**

1．导入新课。

2．检查讲评学生完成导读工作页情况。

3．通过对车间数控设备出现急停与超程时出现的报警现象。

4．讲解 CNC、PMC 与输入/输出的关系。

5．组织学生对急停与超程信号的连接。

6．巡回指导学生实习。

7．对数控设备的急停与超程信号的诊断与维修。

8．组织学生“拓展问题”讨论。

9．本任务学习测试。

10．测试结束后，组织学生填写活动评价表。

11．小结学生学习情况。

■ **任务所需器材**

计算机、数控维修实训台 12 台、数控机床 6 台、电工工具、电工常用耗材、本任学习测试资料等。

■ 课前导读（阅读教材查询资料在课前完成）

1．根据任务三中数控机床编程与操作的学习，在表 4-1 中写出如图 4-1 所示的操作面板中按钮的名称和作用。

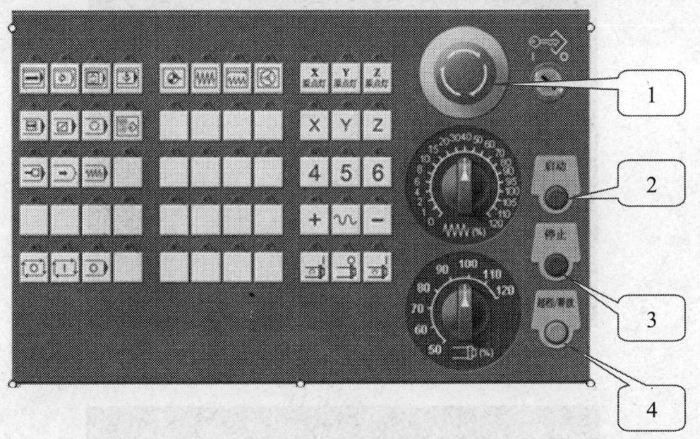

图 4-1　FANUC 数控机床操作面板

表 4–1　　操作面板

序号	名称	功　　能
1	急停	
2		数控系统上电
3	停止	
4	超程/释放	

2．如图 4-2 和图 4-3 所示，如何判断急停开关与超程开关的常开与常闭信号?

图 4-2　急停按钮

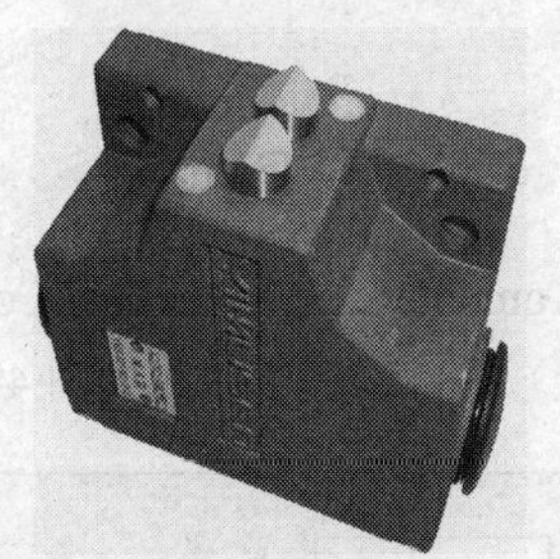

图 4-3　行程开关

■ 情境描述

当机床在加工过程中遇到紧急情况时应当按下急停按钮，为何急停按钮能实现对机床的紧急控制？如图 4-4、图 4-5 所示，当机床超程或急停时会出现何种报警？报警应该如何解除？

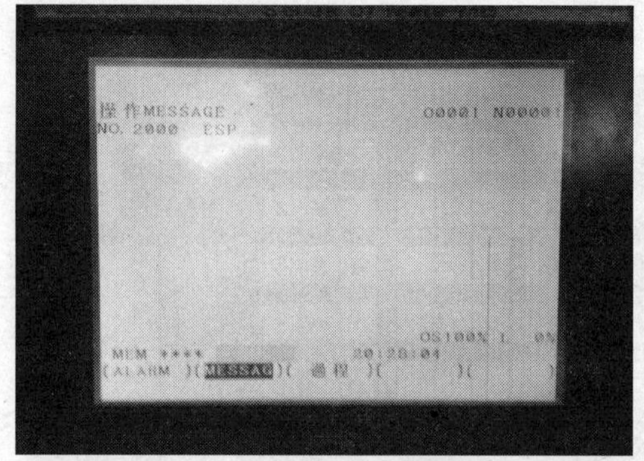

图 4-4　数控机床的急停报警

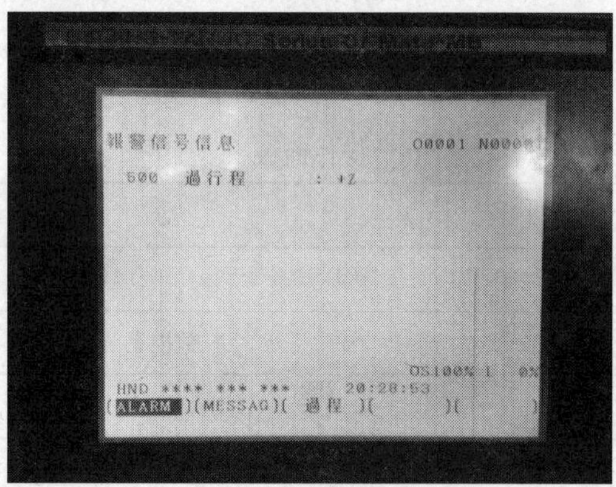

图 4-5　数控机床的超程报警

■ 任务实施

任务实施一　CNC 和 PMC

根据 CNC（Computerized Numerical Control：计算机控制的数控装置）和 PMC（Programmable Machine Controler）各自的基本控制如图 4-6 所示，请完成图中空白信号的填写。

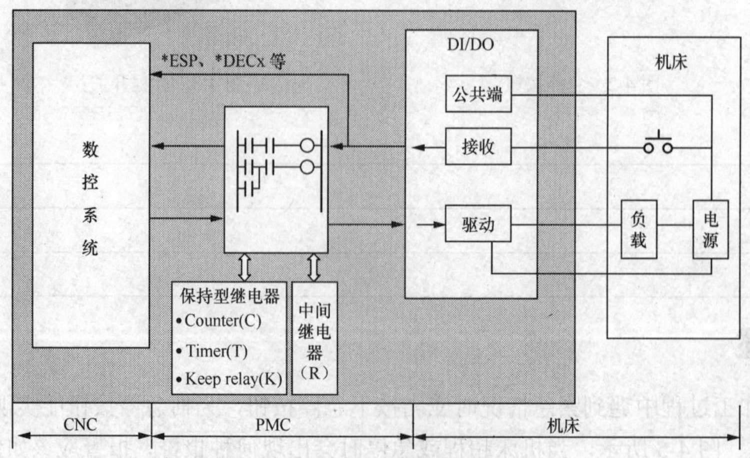

图 4-6　CNC 与 PMC 的基本控制

讨论：图 4-6 中急停信号与超程信号有没有经过 PMC？这样设计有何优点？

任务实施二 急停与超程的外围控制

在数控维修实训台中，急停与超程信号如图 4-7 所示。

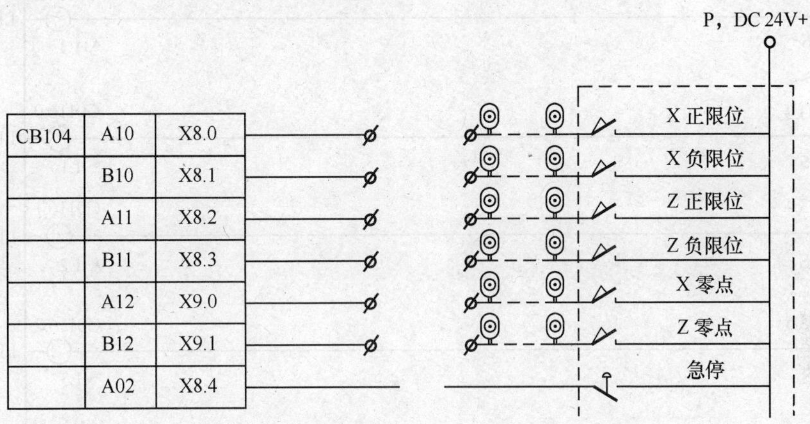

图 4-7 急停与超程信号控制电路图

实施：分析急停与超程信号控制电路图，并完成线路的安装。

任务实施三 急停信号的处理

急停功能控制梯形图如图 4-8 所示。

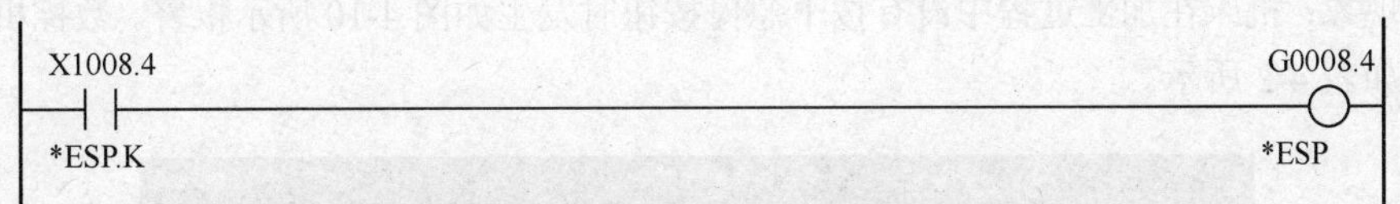

图 4-8 急停功能控制梯形图

讨论：请细心观察，为什么急停信号采用常闭信号而不用常开信号？

实施：请将急停功能控制梯形图通过面板输入到 PMC 并对信号进行监控。

任务实施四 超程信号的处理

超程功能控制梯形图如图 4-9 所示。

讨论：超程信号如何屏蔽？

实施：请将超程功能控制梯形图通过操作面板输入到 PMC 并对信号进行监控。

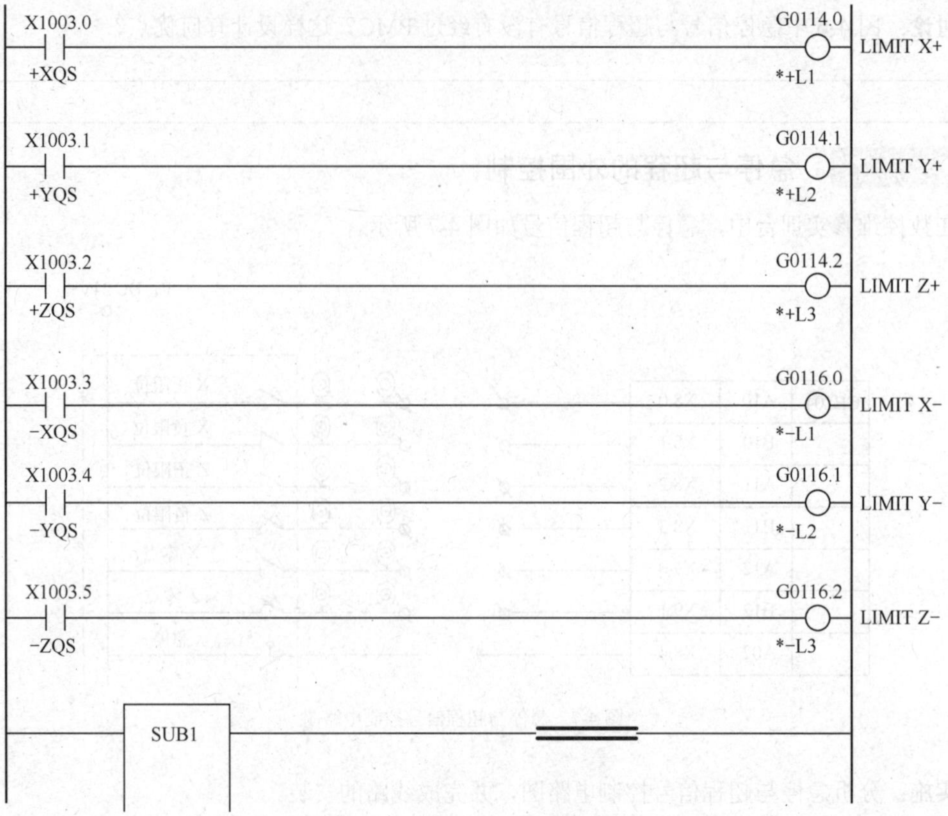

X1003.0
+XQS
G0114.0
*+L1
LIMIT X+
X1003.1
+YQS
G0114.1
*+L2
LIMIT Y+
X1003.2
+ZQS
G0114.2
*+L3
LIMIT Z+
X1003.3
-XQS
G0116.0
*-L1
LIMIT X-
X1003.4
-YQS
G0116.1
*-L2
LIMIT Y-
X1003.5
-ZQS
G0116.2
*-L3
LIMIT Z-
SUB1

图 4-9　超程功能控制梯形图

任务实施五　急停故障的排除

报警现象：机床在加工过程中没有按下急停按钮时发生如图 4-10 所示报警。数控机床故障修理报告书如表 4-2 所示。

操作MESSAGE
O0001 N00001
NO. 2000　ESP
OS100% L　0%
MEM ****
20:28:04
(ALARM)(MESSAG)(過程)(　)(　)

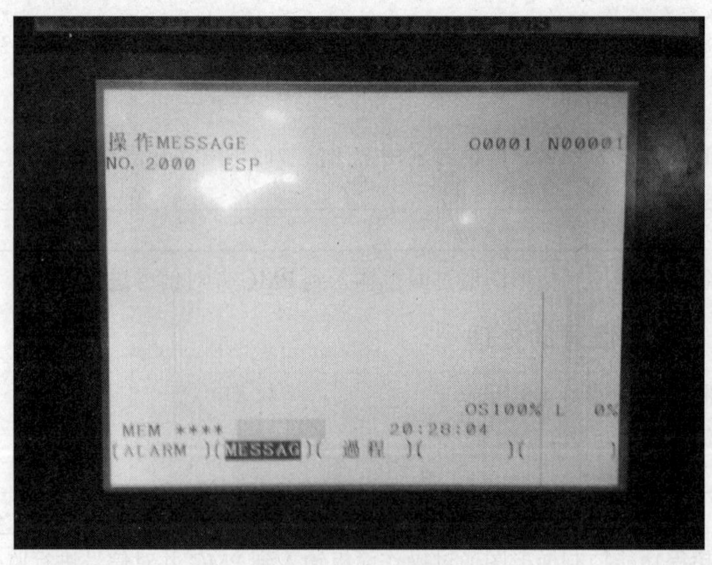

图 4-10　急停报警画面

表 4-2　　　　数控机床故障修理报告书

班级：		组别：	姓名：	
故障现象				
故障原因分析				
故障修理过程	修理部位（要修什么？）	修理的内容（要修成什么样子？）	判断	备注
	<原因>			

<教师评语>

任务实施六　超程故障的排除

报警现象：机床坐标轴在行程范围内发生如图 4-11 所示。数控机床故障修理报告书如表 4-3 所示。

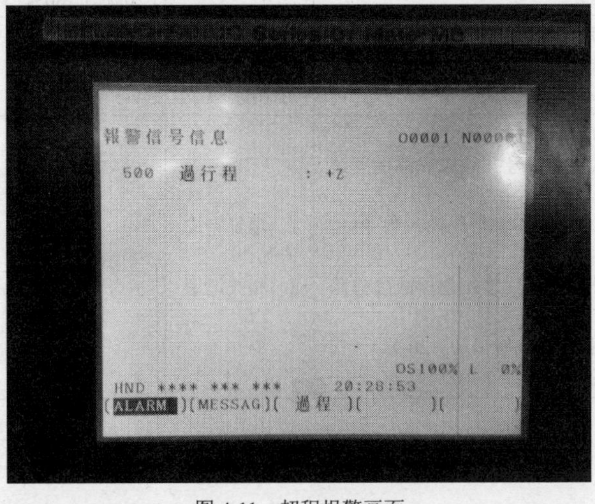

图 4-11　超程报警画面

表 4-3　　　　数控机床故障修理报告书

班级：		组别：	姓名：
故障现象			
故障原因分析			

续表

<table>
<tr><td colspan="2">班级：</td><td>组别：</td><td colspan="2">姓名：</td></tr>
<tr><td rowspan="8">故障修理过程</td><td>修理部位（要修什么？）</td><td>修理的内容（要修成什么样子？）</td><td>判断</td><td>备注</td></tr>
<tr><td></td><td></td><td></td><td></td></tr>
<tr><td></td><td></td><td></td><td></td></tr>
<tr><td></td><td></td><td></td><td></td></tr>
<tr><td></td><td></td><td></td><td></td></tr>
<tr><td></td><td></td><td></td><td></td></tr>
<tr><td></td><td></td><td></td><td></td></tr>
<tr><td colspan="4"><原因></td></tr>
<tr><td colspan="5"><教师评语></td></tr>
</table>

■ 活动评价

表 4-4　　　　职业功能模块教学项目过程考核评价表

<table>
<tr><td colspan="2">专业：数控系统连接与调试</td><td colspan="2">班级：</td><td colspan="2">学号：</td><td colspan="2">姓名：</td></tr>
<tr><td colspan="8">项目名称：FANUC 0i-TC 系统运行准备信号调试</td></tr>
<tr><td rowspan="3">评价项目</td><td rowspan="3">评价标准</td><td rowspan="3">评价依据（信息、佐证）</td><td colspan="2">评价方式</td><td rowspan="3">权重</td><td rowspan="3">得分小计</td><td rowspan="3">总分</td></tr>
<tr><td>小组评分</td><td>个人评分</td></tr>
<tr><td>20%</td><td>80%</td></tr>
<tr><td>职业素质</td><td>1．遵守管理规定、学习纪律、安全操作规程
2. 按时完成学习及工作任务、工作积极主动、勤学好问</td><td>1．考勤
2．工作及学习态度</td><td></td><td></td><td>20%</td><td></td><td rowspan="2"></td></tr>
<tr><td>专业能力</td><td>1．课前导读完成情况（10 分）
2．分析急停与超程信号并完成线路的安装（15 分）
3．完成通过操作面板将梯形图输入到 PMC（15 分）
4．对生产车间数控进行急停超程故障排除（30 分）
5．填写急停超程故障维修记录（20 分）
6．I/O 模块的设置（10 分）</td><td>1．项目完成情况
2．相关记录</td><td></td><td></td><td>80%</td><td></td></tr>
<tr><td>个人评价</td><td colspan="7">学员签名：　　　　日期：</td></tr>
<tr><td>教师评价</td><td colspan="7">教师签名：　　　　日期：</td></tr>
</table>

■ 相关知识

相关知识一　CNC 与 PMC

CNC（Computerized Numerical Control：计算机控制的数控装置）和 PMC（Programmable Machine Controler）各自的基本关系。

CNC（Computerized Numerical Control）是根据 PMC 发出的控制信号（例如自动运转起动等）读取 G 代码程序进行运转，如直线插补、圆弧插补和样条曲线等功能。

PMC（Programmable Machine Controler）是安装在 CNC 内部负责机床控制的顺序控制器,用于完成机床操作盘和换刀装置等机械部分的机械动作控。

G：PMC 输出至 CNC 的信号（CNC 输入）。是 FANUC 公司设计 CNC 时根据机床操作的要求及 CNC 系统本身应具备的功能而设计好的、使 CNC 执行工作的指令。

F：CNC 输出至 PMC 的信号是反映 CNC 运行状态的标志，表明 CNC 正处于某一状态、结果或加工程序指令的译码输出。

X：由机床输入至 PMC 的信号是操作员由机床操作面板上输入的按钮、按键、开关信号。可以理解为是由操作者发出的使 CNC（机床）执行某一工作的命令，是上述 G 信号的指令。在梯形图中 X 总是 G 的控制源。

Y: 由 PMC 输出至机床的使机床强电动作的信号 PMC 梯形图程序根据 CNC 的输出处理后输出这些信号使机床动作。Y 信号的地址由机床厂的电气设计人员自由规定。如：主轴的正反向；润滑、冷却的开/关都是用 Y 信号实现控制。

相关知识二 急停信号与超程信号

1．急停信号地址

	#7	#6	#5	#4	#3	#2	#1	#0
X1008				*ESP				
G008				*ESP				

急停:*ESP(x1008#4,G008#4)

类型：输入信号

功能：输出急停信号，使机床动作立即停止。

作用：急停信号*ESP 变为“0”时，CNC 被复位处于急停状态，这一信号由按钮类触点控制。急停信号使伺服准备信号（SA）变为“0”。

2．超程信号地址

	#7	#6	#5	#4	#3	#2	#1	#0
G114					*+L4	*+L3	*+L2	*+L1
G116					*−L4	*−L3	*−L2	*−L1

超程信号：*+L1~*+L4(G114)

-L1～-L4(G116)

类型：输入信号

功能：表明控制轴行程已达到极限，每个控制轴每个方向都具有该信号，信号名的+/-表明方向，数字与控制轴相对应。

作用：自动操作时，即使只有一个信号变为“0”时，所有的轴都减速停止，产生报警且运动中断。手动操作时，仅移动的轴减速停止，停止后的轴可向反方向移动。一旦轴超程信号变为“0”，其移动方向被封存，即使信号变为“1”，报警清除前，该轴也不能沿该方向运动。超程信号（OTH）还可以用参数（3064#5）来决定它是否起作用。

3．超程信号参数

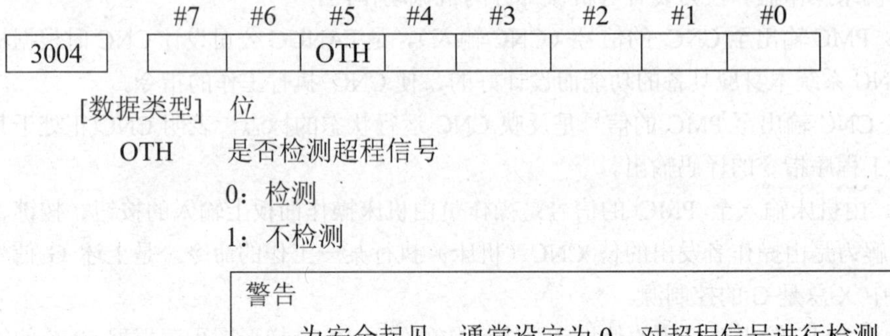

	#7	#6	#5	#4	#3	#2	#1	#0
3004			OTH					

[数据类型] 位

OTH　是否检测超程信号

0：检测

1：不检测

警告

为安全起见，通常设定为 0，对超程信号进行检测。

4．超程报警信号

报警号	信息	说明
506	超程：+n	超过第 n 轴（1–4 轴）正向行程极根
507	起程：−n	超过第 n 轴（1–4 轴）负向行程极根

相关知识三　I/O 模块

BEIJING-FANUC 0i-C /0i-Mate-C 系统，由于 I/O 点、手轮脉冲信号都连在 I/O LINK 总线上，在 PMC 梯形图编辑之前都要进行 I/O 模块的设置（地址分配），同时也要考虑到手轮的连接位置。

由于 0i-C 本身带有专用 I/O 单元，该 I/O 单元表面上看起来与 OI-B 系统的内置 I/O 卡相似，都是 96/64 个输入/输出点，但具体的地址排列有一些区别，同时必须进行 I/O 模块的地址分配。

相关知识四　I/O 模块的设置

1．0IC 专用 I/O 板，当不再连接其他模块时可设置如下：X 从 X0 开始 0.0.1.OC02I；Y 从 Y0 开始 0.0.1./8，如图 4-12、图 4-13 所示。

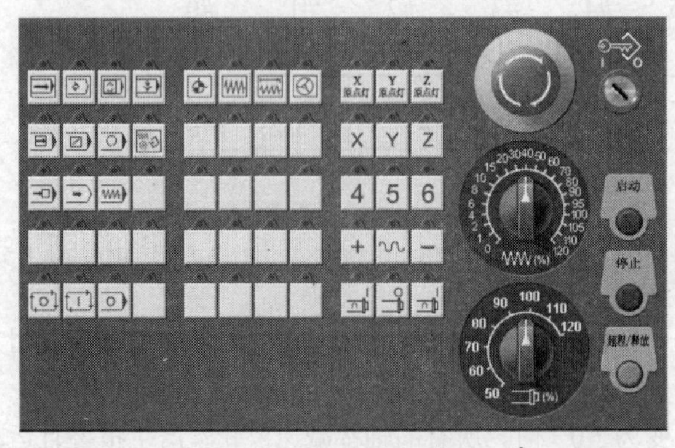

图 4-12　OIC 专用 I/O 板

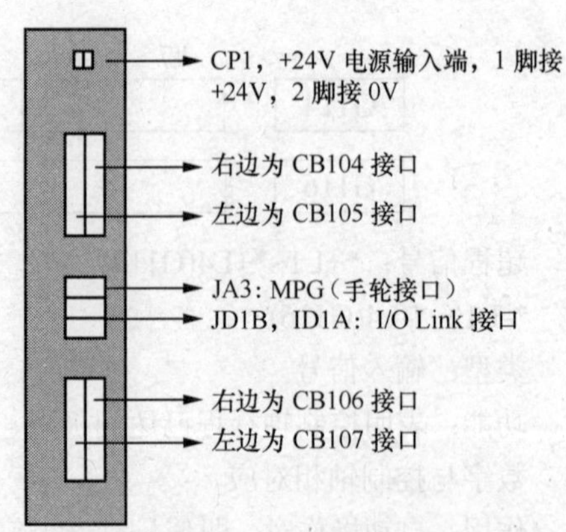

图 4-13　0IC 专用 I/O 板的 I/O 模块的设置

2．当使用标准机床面板时，一般机床侧还有一个I/O卡，手轮必须接在标准操作面板后JA3。可设置如下（见图4-14）：机床侧的I/O卡的I/O点X从X0开始：0.0.1.OC01I，Y从Y0开始：0.0.1./8，操作面板侧的I/O点X点从X20开始：1.0.1.OC02I（OC02I对应手轮），Y点从Y24开始：1.0.1./8。

PMC I/O MODULE　CHANNEL 1

ADDRESS	GROUP	BASE	SLOT	NAME	ADDRESS	GROUP	BASE	SLOT	NAME
X000	0	0	1	OC02I	Y000	0	0	1	/8
X001	0	0	1	OC02I	Y001	0	0	1	/8
X002	0	0	1	OC02I	Y002	0	0	1	/8
X003	0	0	1	OC02I	Y003	0	0	1	/8
X004	0	0	1	OC02I	Y004	0	0	1	/8
X005	0	0	1	OC02I	Y005	0	0	1	/8
X006	0	0	1	OC02I	Y006	0	0	1	/8
X007	0	0	1	OC02I	Y007	0	0	1	/8
X008	0	0	1	OC02I	Y008				
X009	0	0	1	OC02I	Y009				
X010	0	0	1	OC02I	Y010				
X011	0	0	1	OC02I	Y011				
X012	0	0	1	OC02I	Y012				
X013	0	0	1	OC02I	Y013				
X014	0	0	1	OC02I	Y014				

GROUP.BASE.SLOT.NAME =

>0.0.1.OC02I^

图4-14　含有I/O卡的模块设置

3．由于0i-Mate C 不带专用I/O单元板，连接外围设备，必须通过I/O模块扩展要考虑急停、外部减速信号，地址的分配以及手轮的连接问题，按如下设定。

（1）当使用两个I/O模块（I/O卡）时（48/32点）可设置如下：第一块输入点X从X0开始：0.0.1./6，输出点Y从Y0开始：0.0.1./4，第二块带手轮接口输入点X从X6开始：1.0.1.OC02I输出点Y从Y6 开始：1.0.1./4，如图4-15所示。

PMC I/O MODULE　　　MONIT STOP

ADDRESS	GROUP	BASE	SLOT	NAME
X000	0	0	1	/6
X001	0	0	1	/6
X002	0	0	1	/6
X003	0	0	1	/6
X004	0	0	1	/6
X005	0	0	1	/6
X006	1	0	1	OC02I
X007	1	0	1	OC02I
X008	1	0	1	OC02I
X009	1	0	1	OC02I

GROUP. BASE. SLOT. NAME =

>1. 0. 1. OC02I^

[INPUT][SEARCH][DELETE][ ][ ]

图4-15　当使用两个I/O模块时的设置

注：对于以上的设定，急停、减速、手轮信号都在第二个模块（见图 4-16）：第一块带手轮接口输入点X从X4开始：0.0.1.OC02I，输出点Y从Y4开始：0.0.1./4第二块输入点X从X20开始：1.0.1./6，输出点Y从Y20开始：1.0.1./4。

注：以上的设定方式下，急停、减速、手轮信号都在第一个模块上。

（2）当使用标准机床面板时，手轮有两种接法。

① 接在I/O卡上JA3可设置如下（见图4-17）：I/O卡侧的I/O点X从X4开始：0.0.1.OC02I，

Y 从 Y4 开始：0.0.1./4，面板侧的 I/O 点从 X20 开始：1.0.1.OC02I（或 OC01I），输出点从 Y24 开始 1.0.1./8。

```
PMC I/O MODULE                          MONIT STOP
 ADDRESS    GROUP    BASE    SLOT        NAME
   X017       0        0       1         OC02I
   X018       0        0       1         OC02I
   X019       0        0       1         OC02I
   X020       1        0       1         /6
   X021       1        0       1         /6
   X022       1        0       1         /6
   X023       1        0       1         /6
   X024       1        0       1         /6
   X025       1        0       1         /6
   X026
 GROUP. BASE. SLOT. NAME =
) 1. 0. 1. /6^

(INPUT )(SEARCH)(DELETE)(          )(          )
```

图 4-16　急停、减速、手轮信号在第二个模块的设置

```
PMC I/O MODULE                          MONIT STOP
 ADDRESS    GROUP    BASE    SLOT        NAME
   X014       0        0       1         OC02I
   X015       0        0       1         OC02I
   X016       0        0       1         OC02I
   X017       0        0       1         OC02I
   X018       0        0       1         OC02I
   X019       0        0       1         OC02I
   X020       1        0       1         OC02I
   X021       1        0       1         OC02I
   X022       1        0       1         OC02I
   X023       1        0       1         OC02I
 GROUP. BASE. SLOT. NAME =
) 1. 0. 1. OC02I_

(INPUT )(SEARCH)(DELETE)(          )(          )
```

图 4-17　I/O 卡上 JA3 时的设置

注：此种设法可使面板上 x/y 数值上一样，便于编写梯形图，但注意此时面板后的手轮接口 JA3 无效，使用机床侧的 I/O 卡的接口。

② 接在面板后 JA3 可设置如下：I/O 卡侧的 I/O 点 X 从 X4 开始：0.0.1./6，Y 从 Y4 开始：0.0.1./4，面板侧的 I/O 点 X 从 X20 开始：1.0.1.OC02I，Y 从 Y24 开始：1.0.1./8。

相关知识五　I/O 模块相关说明

OIC 系统的 I/O 模块的分配很自由，但有一个规则，即：连接手轮的模块必须为 16 个字节，且手轮连在离系统最近的一个 16 字节（OC02I）大小的 I/O 模块的 JA3 接口上。对于此 16 字节模块，Xm+0？Xm+11 用于输入点，即使实际上没有那么输入点，但为了连接手轮也需如此分配。Xm+12？Xm+14 用于三个手轮的输入信号。只连接一个手轮时，旋转手轮时可看到 Xm+12 中信号在变化。Xm+15 用于输出信号的报警。

OC02I 为模块的名字，它表示该模块的大小为 16 个字节。OC01I 为 12 个字节，/6 表示该模

块有 6 个字节。PM16I 为 I/O Link 轴的输入模块名，表示该模块的大小为 16 个字节。PM16O 为 I/O Link 轴的输出模块名，表示该模块的大小为 16 个字节。

原则上 I/O 模块的地址可以在规定范围内任意处定义，但是为了机床的梯形图的统一和便于管理，最好按照以上推荐的标准定义，注意，一旦定义了起始地址（m）该模块的内部地址就分配完毕。

从一个 JD1A 引出来的模块算是一组，在连接的过程中，要改变的仅仅是组号，数字从靠近系统 0 开始逐渐递增。

在模块分配完毕以后，要注意保存，然后机床断电再上电，分配的地址才能生效。同时注意模块优先于系统上电，否则系统在上电时无法检测到该模块。

■ 知识拓展

FANUC PMC 可以通过系统面板进行编辑、监控和诊断，但一台完整的数控机床，其 PMC 程序是极为复杂的，要想实现快速的编辑、监控和诊断可以借助计算机利用 FAPTLADDER-Ⅲ软件实现。请查阅相关说明书，实现对软件 FAPT LADDER-Ⅲ软件进行安装与应用。

FANUC 伺服系统功能调试

伺服系统主要由伺服驱动装置以及伺服电机组成。伺服驱动器（Servo Drives）又称为“伺服控制器”、“伺服放大器”，是用来控制伺服电机的一种控制器。其作用类似于变频器作用于普通交流电机，属于伺服系统的一部分，主要应用于高精度的定位系统，一般是通过位置、速度和力矩三种方式对伺服电机进行控制，实现高精度的传动系统定位。

■ **项目学习目标**

1. 了解 FANUC 伺服驱动器的分类与特点。
2. 了解伺服驱动器的接口定义。
3. 掌握 FANUC 伺服驱动器的硬件连接。
4. 掌握伺服驱动器的参数调整方法。

■ **项目课时分配**

18 学时

■ **本任务工作流程**

1. 导入新课。
2. 检查讲评学生完成导读工作页情况。
3. 对照伺服驱动器实物图，进行驱动器认识作业示范。
4. 结合解剖数控系统实物及影像资料，进行理论讲解。
5. 组织学生对系统驱动器识别作业实习。
6. 巡回指导学生实习。
7. 组织学生“拓展问题”讨论。
8. 本任务学习测试。
9. 测试结束后，组织学生填写活动评价表。
10. 小结学生学习情况。

■ **任务所需器材**

驱动器影像资料及课件、数控维修实训台 5 台、FANUC 驱动器 5 台、本任务学习测试资料。

■ 课前导读（阅读教材查询资料在课前完成）

1. 随着伺服系统的大规模应用，伺服驱动器（见图 5-1）使用、调试及维修都是伺服驱动器在当今比较重要的技术课题，越来越多工控技术服务商对伺服驱动器进行了深层次技术研究。那到底伺服驱动器有什么作用呢？应用在那些领域？

2. 通过查看 FANUC 数控系统资料写出下面 4 个接口分别是什么功能，如图 5-2 所示。

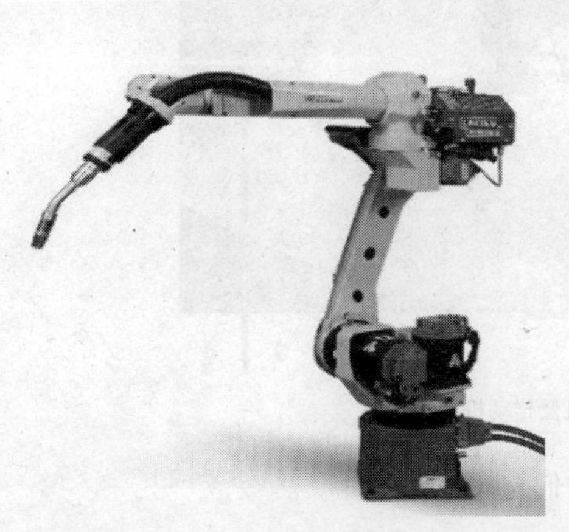

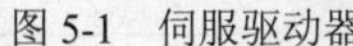

图 5-1　伺服驱动器

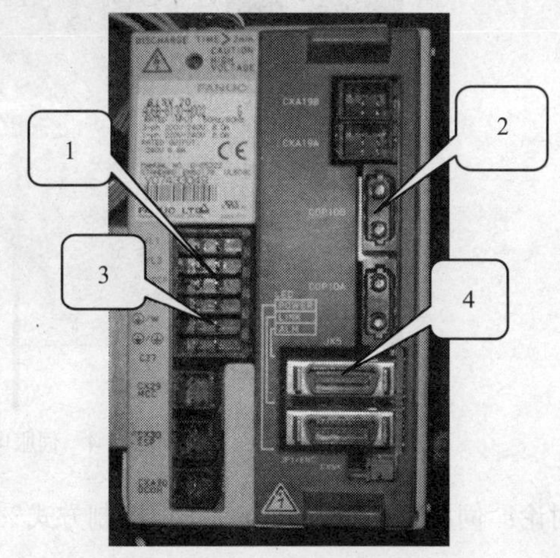

图 5-2　伺服接口

■ 情境描述

我们看到过数控机床按照操作人员设计的图，加工出来的各种外观漂亮、尺寸精确的零件（见图 5-3）。数控系统是如何控制机床运行加工的呢？怎么能够移动得这么准确？

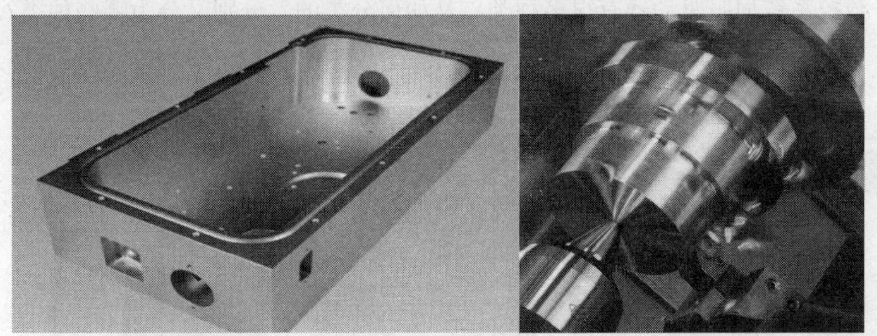

图 5-3　加工实物图

■ 任务实施

任务实施一　了解进给伺服系统的位置控制形式

1．开环控制：结构简单，价格低廉，调试和维修方便，但精度差。

2．半闭环控制：数控机床的半闭环控制时，进给伺服电机的内装编码器的反馈信号即为速度反馈信号，同时又作为丝杠的位置反馈信号。

3．全闭环控制：如果数控机床采用分离型位置检测装置作为位置反馈信号，则进给伺服控制形式为全闭环控制形式。

伺服驱动装置接收从主控制单元发出的进给速度和位移指令信号，作一定的转换和放大后，驱动伺服电机，从而通过机械传动机构，驱动机床的执行部件实现精确的工作进给和快速移动。伺服电机是采用什么方法与丝杠连接？为什么要这样连接？如图 5-4 所示箭头所指是什么？

图 5-4　伺服电机及传动机构

讨论：伺服驱动装置分为哪几种控制方式？它们有什么区别？

任务实施二　伺服驱动器的种类

FANUC 数控系统伺服驱动器有很多种类，是如何分类的？分别又分为哪些种类？如图 5-5 所示。

图 5-5　FANUC 数控系统伺服驱动器

讨论：FANUC 伺服驱动器具有伺服模块和伺服单元，什么是伺服模块？什么是伺服单元？它们有什么区别？

任务实施三　β i–系列伺服驱动器连接

1. 光缆连接（FSSB 总线）：发那科的 FSSB 总线采用光缆通信，如图 5-6 所示。

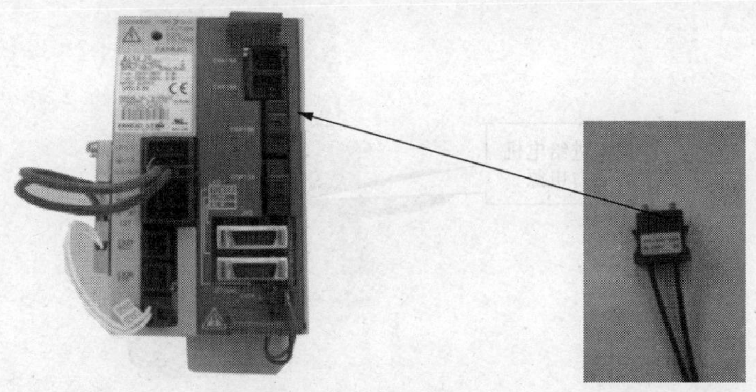

图 5-6　光缆连接（FSSB 总线）

2．控制电源连接：控制电源采用 DC24V 电源，主要用于伺服控制电路的电源供电，如图 5-7 所示。

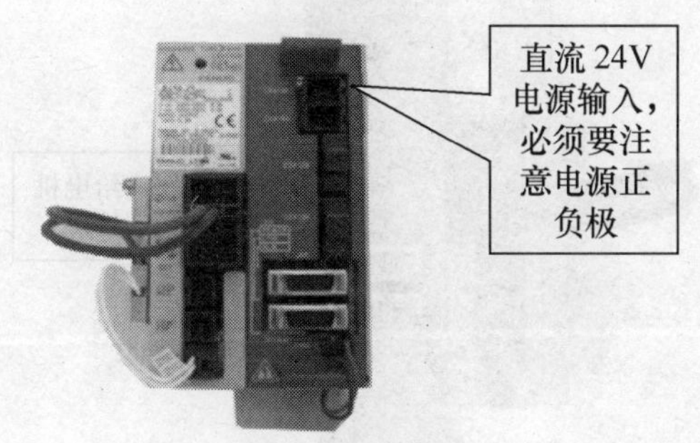

图 5-7　控制电源连接

3．主电源连接：主电源是用于伺服放大器动力电源，如图 5-8 所示。

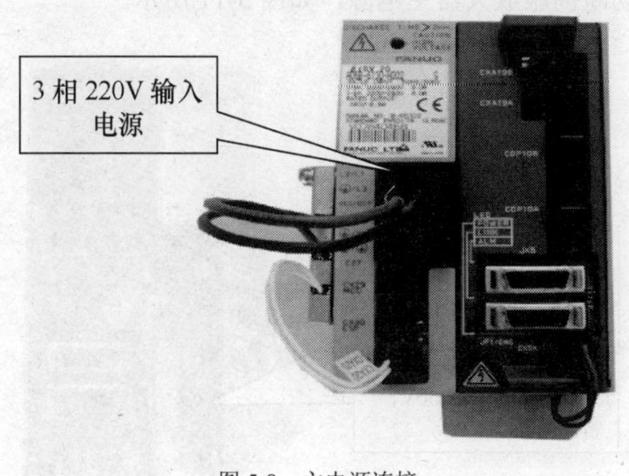

图 5-8　主电源连接

4．输出接伺服电机连接，如图 5-9 所示。

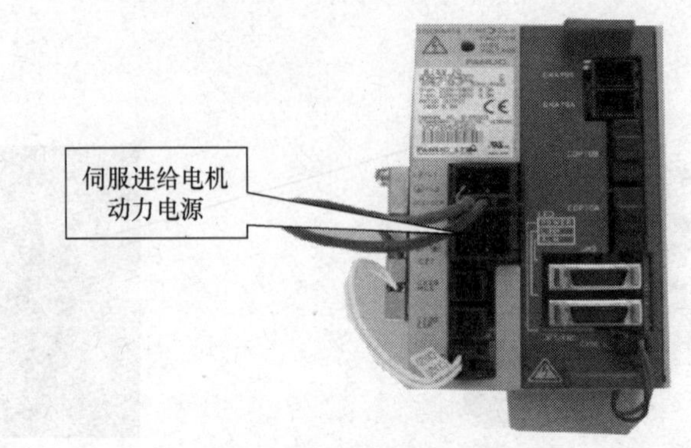

图 5-9　输出接伺服电机连接

5．伺服电机反馈（编码器）的连接，如图 5-10 所示。

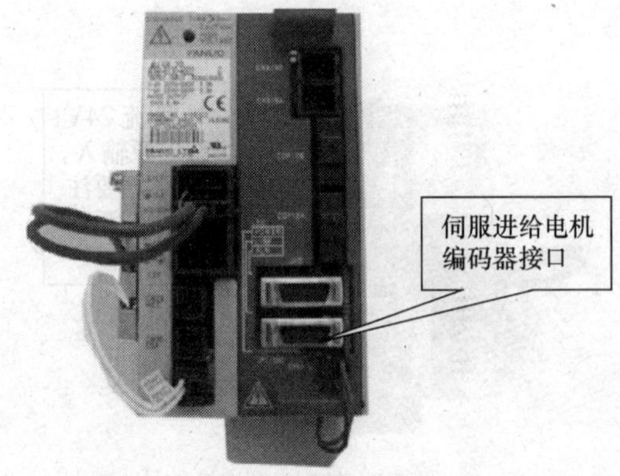

图 5-10　伺服电机反馈的连接

6．急停与 MCC 连接：该部分主要用于对伺服主电源的控制与伺服放大器的保护，在发生报警、急停等情况下能够切断伺服放大器主电源，如图 5-11 所示。

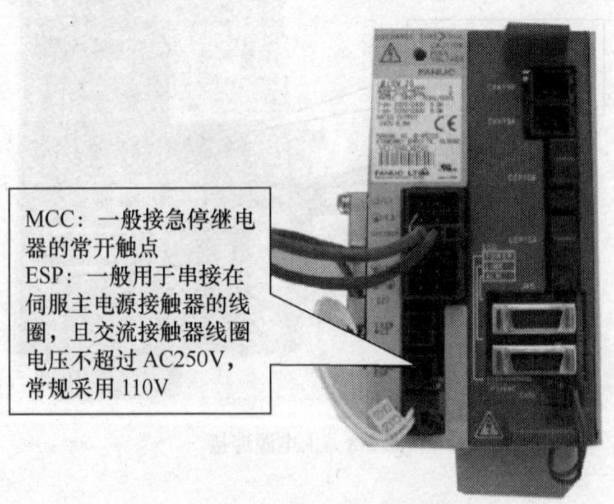

图 5-11　急停与 MCC 连接

伺服系统是数控机床的一个重要组成部分，包括伺服驱动装置和伺服执行装置。目前北京FANUC 公司出厂的 0iC/0i-Mate-C 数控系统，包括加工中心/铣床用的 0i-MC/0i-Mate-MC 和车床用的 0iTC/ 0i-Mate-TC。它们是如何进行连接安装的呢？

讨论：系统是采用什么方式与伺服驱动器进行通讯？系统如何区分 X、Y、Z 三个轴？

____

____

____

实施：请在 FANUC 数控系统维修实训台进行伺服驱动器与系统的连接。

任务实施四 伺服功能的调整

在伺服驱动器与系统连接好之后并不能马上进行正常通电运行，首先要对伺服参数进行设定和调整，包括基本伺服参数的设定以及按机床的机械特性和加工要求进行的优化调整。如果是全闭环，要先按照半闭环情况设定，调整正常后再设定全闭环参数，重新进行调整。

调整环节包括：

1．伺服参数初始化设定

2．伺服的参数调整

3．伺服监视

4．伺服设定指南

5．伺服总线（FSSB）基本设定

讨论：每个环节调整的是什么功能？完成表 5-1。

表 5–1　各环节调整功能

序号	调整环节	伺服功能
(1)	伺服参数初始化设定	
(2)	伺服的参数调整	
(3)	伺服监视	
(4)	伺服设定指南	
(5)	伺服总线（FSSB）基本设定	

实施：请在数控系统维修实训台上进行各种功能参数的操作。

任务实施五 伺服报警解除

根据图 5-12 所示，系统画面的是机床 Y 轴伺服报警信息，系统产生的什么报警？查看资料排除该报警。

实施：进行故障分析在数控系统维修实训台上进行该报警解除操作，填写故障报告书（见表 5-2）。

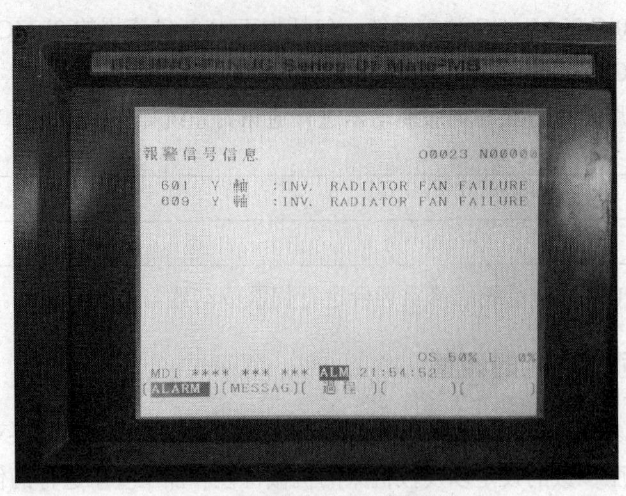

图 5-12 机床 Y 轴伺服报警信息

表 5-2 数控机床故障修理报告书

<table>
<tr><td colspan="2">班级：</td><td>组别：</td><td colspan="2">姓名：</td></tr>
<tr><td>故障
现象</td><td colspan="4"></td></tr>
<tr><td>故障
原因
分析</td><td colspan="4"></td></tr>
<tr><td rowspan="8">故障
修理
过程</td><td>修理部位（要修什么？）</td><td>修理的内容（要修成什么样子？）</td><td>判断</td><td>备注</td></tr>
<tr><td></td><td></td><td></td><td></td></tr>
<tr><td></td><td></td><td></td><td></td></tr>
<tr><td></td><td></td><td></td><td></td></tr>
<tr><td></td><td></td><td></td><td></td></tr>
<tr><td></td><td></td><td></td><td></td></tr>
<tr><td></td><td></td><td></td><td></td></tr>
<tr><td colspan="4"><原因></td></tr>
</table>

■ 活动评价

表 5–3　　　　职业功能模块教学项目过程考核评价表

专业：数控系统连接与调试　　　　班级：　　　　学号：　　　　姓名：

项目名称：FANUC 0i-TC 伺服系统功能调试

评价项目	评价标准	评价依据（信息、佐证）	评价方式		权重	得分小计	总分
			小组评分	个人评分			
			20%	80%			
职业素质	1．遵守管理规定、学习纪律、安全操作规程 2．按时完成学习及工作任务、工作积极主动、勤学好问	1．考勤 2．工作及学习态度			20%		
专业能力	1．课前导读完成情况（10 分） 2．伺服驱动器线路连接（10 分） 3．伺服参数初始化设定（20 分） 4．伺服的参数调整（20 分） 5．伺服总线（FSSB）基本设定（20 分）	1．项目完成情况 2．相关记录			80%		
个人评价	学员签名：　　日期：						
教师评价	教师签名：　　日期：						

■ 相关知识

相关知识一　伺服系统位置控制方式

伺服驱动装置接收从主控制单元发出的进给速度和位移指令信号，作一定的转换和放大后，驱动伺服电机，从而通过机械传动机构，驱动机床的执行部件实现精确的工作进给和快速移动。在系统组装完成并通电运行后，首先要进行的重要工作就是伺服参数的调整，包括基本伺服参数的设定以及按机床的机械特性和加工要求进行的优化调整，如果是全闭环，要先按照半闭环情况设定，调整正常后再设定全闭环参数，重新进行调整，进给伺服电动机及传动机构如图 5-13 所示。

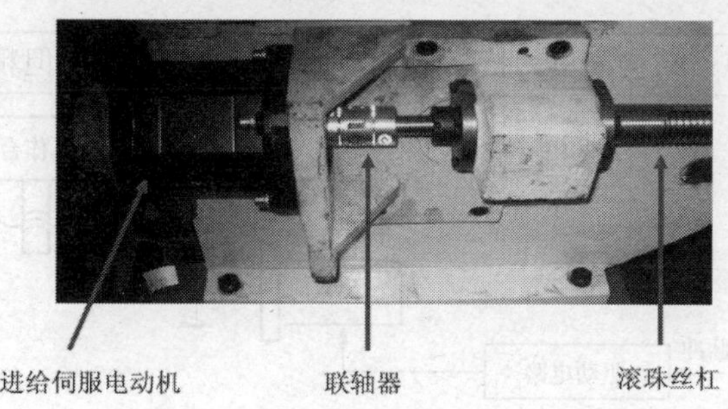

图 5-13　进给伺服电动机及传动机构

进给伺服系统的位置控制形式分类

（1）半闭环控制：

数控机床的半闭环控制时，进给伺服电机的内装编码器的反馈信号即为速度反馈信号，同时又作为丝杠的位置反馈信号。

半闭环控制特点：控制系统的稳定性高。位置控制的精度相对不高，不能消除伺服电机与丝杠的连接误差及间隙对加工的影响

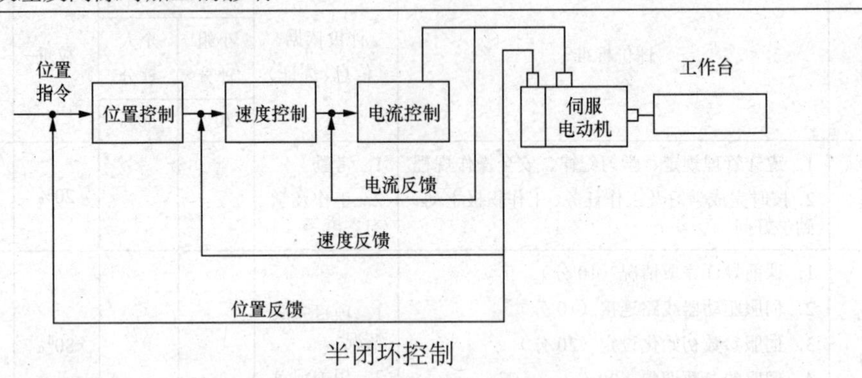

半闭环控制

（2）全闭环控制：

如果数控机床采用分离型位置检测装置作为位置反馈信号，则进给伺服控制形式为全闭环控制形式。在全闭环控制控制形式中，进给伺服系统的速度反馈信号来自伺服电机的内装编码器信号，而位置反馈信号是来自分离型位置检测装置信号。

全闭环控制特点：位置控制精度相对高，此时精度由位置检测装置精度决定。全闭环控制控制相对稳定性不高，容易出现系统振荡伺服调整比较困难。

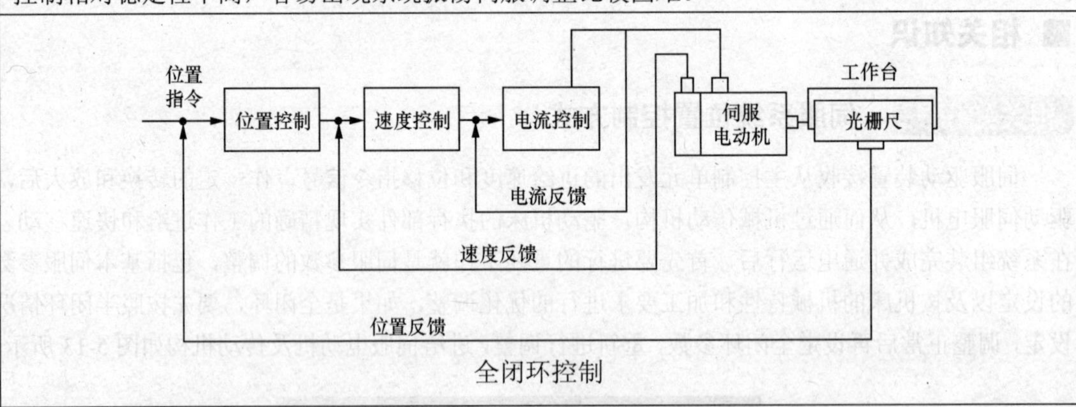

全闭环控制

（3）开环控制特点：结构简单，价格低廉，调试和维修方便，但精度差。

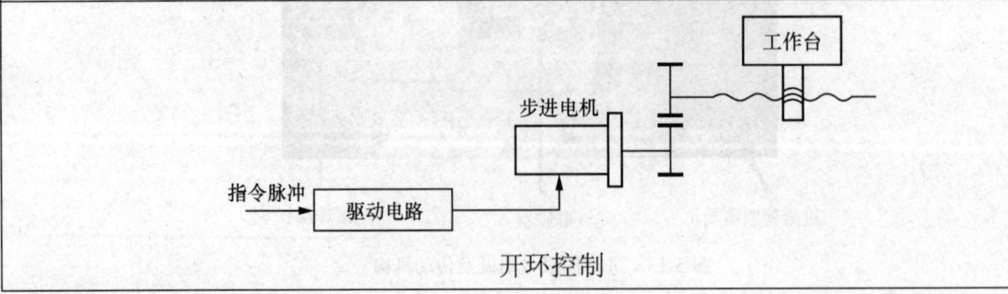

开环控制

相关知识二 伺服驱动器的分类

FANUC 伺服放大器的分类如下。

伺服装置按主电路电源是输入直流还是交流，伺服驱动装置可分为伺服单元（SVU）和伺服模块（SPM）两种。伺服单元的输入电源通常为三相交流电（200V，50Hz），电动机的再生能量通过伺服单元的再生放电单元中的制动电阻消耗掉。伺服模块输入电源为直流电源，标准型为 DC300V，高压型为 DC600V，电动机的再生能量通过电源模块反馈到电网中。一般主轴驱动装置为串行数字控制装置时，进给轴驱动装置采用伺服模块。如对于 0i Mate-C 系统，若没有主轴电机，则伺服放大器是单元型（SVU），若包括主轴电机，则放大器是一体型（SVPM）。

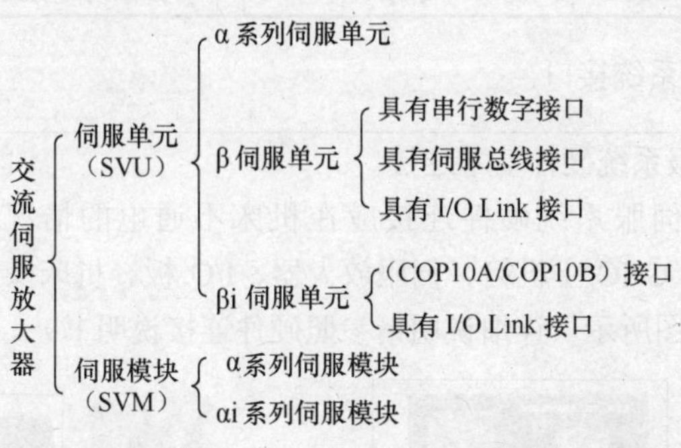

αi 系列伺服模块(PSM-SPM-SVM3)

α 系列伺服模块

βi-系列伺服单元 SVPM（一体型）

βi 系列伺服单元 SVU-4，20 型
（βi 2,4,8 电机用）

相关知识三　βi–系列伺服驱动器安装连接

伺服系统是数控机床的一个重要组成部分，包括伺服驱动装置和伺服执行装置。目前北京FANUC公司出厂的0iC/0i-Mate-C数控系统，包括加工中心/铣床用的0i-MC/0i-Mate-MC 和车床用的0iTC/ 0i-Mate-TC，各系统的伺服系统一般配置如表5-4所示：

表5–4　　FANUC伺服系统硬件配置

系统型号		应用	放大器	电机
0iC 最多4轴	0iMC	加工中心、铣床	αi系列的放大器	αi、αIs系列
	0iTC	车床	αi系列的放大器	αi、αIs系列
0i Mate C 最多3轴	0i Mate MC	加工中心、铣床	βi系列的放大器	βi、βIs系列
	0i Mate TC	车床	βi系列的放大器	βi、βIs系列

伺服硬件安装连接与系统接口

<table>
<tr><td>（1）</td><td>
FANUC伺服系统硬件基本连接
FANUC的伺服系统硬件连接应在机床不通电的情况下进行，基本连接包括CRT/MDI单元、CNC主机箱、伺服放大器、I/O板、机床操作面板和伺服电机等。基本电缆连接如下图所示（详细说明请参照硬件连接说明书）。
I/O卡
机床操作台
I/O Link 轴
手轮
主轴电机
说明：根据不同的机床，各配置会有所不同，如：机床操作面板，I/O卡不一样，I/O Link轴有些可能没有
</td></tr>
<tr><td>（2）</td><td>
伺服单元（SVU）端子功能：
1．L1、L2、L3：主电源输入接口（AC200V，50/60Hz）。
2．U、V、W：伺服电机动力线接口。
3．DCC/DCP：外接DC制动电阻接口。
4．CX29（MCC）：主电源MCC控制信号接口。
5．CX30（ESP）：急停信号（*ESP）接口。
6．CXA20（DCOH）：DC制动电阻过热信号接口。过热信号为一常闭开关信号。
7．CXA19B：DC24V控制电路电源输出接口，连接下一个伺服单元的CXA19A。

</td></tr>
</table>

（2）	8．CXA19A：DC24V 控制电路电源输入接口，连接外部 24V 稳压电源。 9．COP10B：伺服高速串行总线（HSSB）接口，与 CNC 系统的 COP10A 连接（光缆）。 10．COP10A：伺服高速串行总线（HSSB）接口，与下一个伺服单元的 COP10B 连接（光缆）。 11．JX5：伺服检测板信号接口。 12．JF1/ENC：伺服电机内装编码器反馈信号接口。 13．CX5X：伺服电机绝对编码器的电池接口。
（3）	伺服单元的连接： 相比之下，FANUC 伺服单元有一个很重要的特点，就是各伺服单元间采用伺服高速串行总线（HSSB）进行通信，具有线路结构简单、传输速度快、抗干扰能力强等优点。下图是一 FANUC 系统数控铣床的伺服单元连接图：
	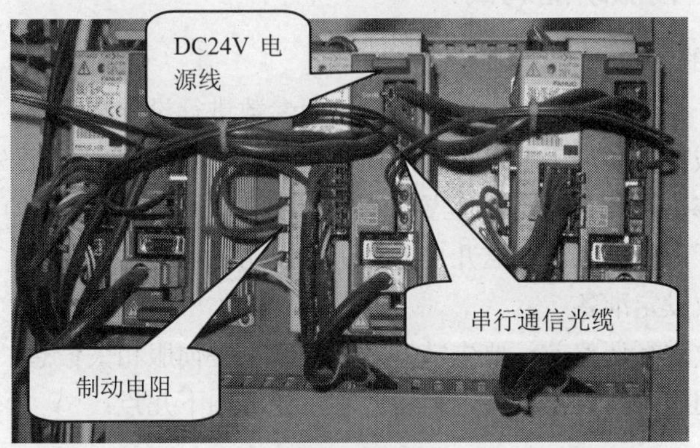 伺服单元的连接
	上图中，外接制动电阻的连接如图所示： 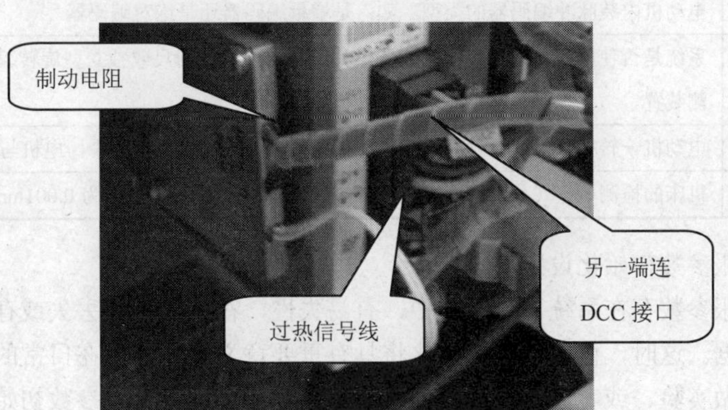 外接制动电阻的连接 注意：伺服单元的电机动力线是插头，用户要先将插针连接到线上，然后将插针插到插座上，U、V、W 顺序不能接错，一般是按红、白、黑的顺序，具体看实物说明。标记 XX、XY、YY 分别表示第 1、2、3 轴，各轴不能互换。

（4）	伺服电机、伺服放大器的连接 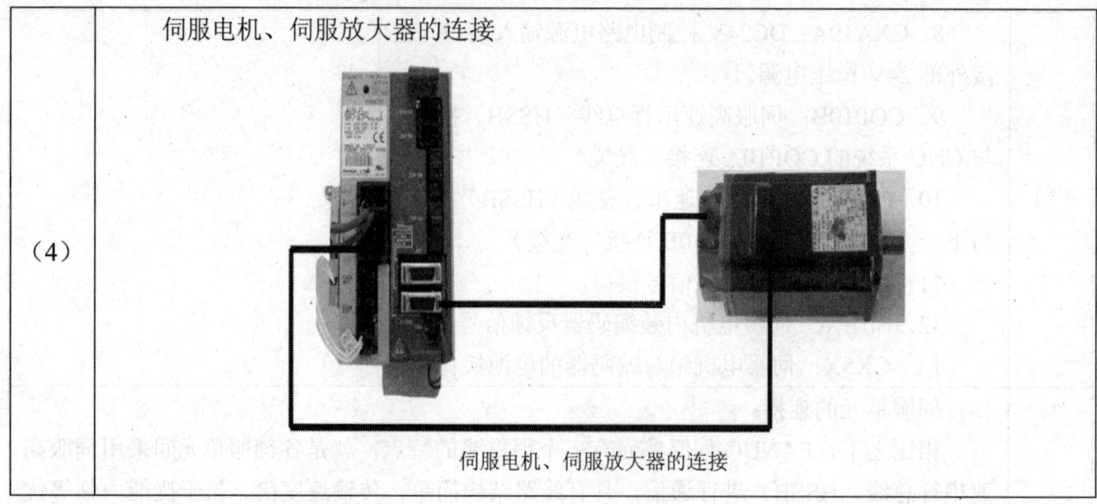 伺服电机、伺服放大器的连接

相关知识四　伺服功能调试

1．伺服参数的设定

在系统连接好并通电运行后，首先要对伺服参数进行设定和调整，包括基本伺服参数的设定以及按机床的机械特性和加工要求进行的优化调整。如果是全闭环，要先按照半闭环情况设定（参数 1815#1，伺服参数画面的 N/M，位置反馈脉冲数，参考计数器容量），调整正常后再设定全闭环参数，重新进行调整。以下就这几个方面进行说明。

（1）伺服参数设定准备

在对伺服参数进行调整前，要先掌握对应机床一些伺服相关信息，这些信息也是进行伺服参数设定的依据。伺服参数设定相关的准备内容主要有如下几点：

①	CNC 系统的类型及相应软件（功能）。如系统是 FANUC-16/18/21/0i 系统还是 FANUC-0C/0D 系统。
②	伺服电机的类型及规格。如：伺服电机是 α 系列、αi 系列、β 系列还是 βiS 系列。
③	电动机内装脉冲编码器的类型。如：是增量编码器还是绝对编码器。
④	系统是否使用分离型位置检测装置。如：是否采用光栅尺或独立型旋转编码器作为伺服系统的位置检测装置。
⑤	电动机一转机床工作台移动的距离。如：机床丝杠的螺距是多少，电机与丝杠的传动比是多少。
⑥	机床的检测单位（分辨率）、CNC 的指令单位。如：很多机床为 0.001mm。

（2）伺服参数初始化设定

由于伺服参数存在系统 S-RAM 中，有易失性，在系统参数丢失或存储器板维修后，均需要恢复伺服数据。这时，伺服参数初始化将具有重要意义。另外，在日常的维修工作中，如遇全闭环改半闭环做实验、或者恢复调乱的伺服参数，都需要进行伺服参数初始化画面的设定与调整。伺服 F-ROM 中存有各种规格的伺服驱动数据，当机床各轴的电机规格确定下来后，就可以将 F-ROM 中的伺服数据“对号入座”了，也就是将适合各轴的伺服数据从 F-ROM 中选择出来，并写入 S-RAM 相应的轴位参数中，这一过程就是“伺服参数初始化设定”。

伺服参数初始化设定具体步骤如下：

<table>
<tr><td>①</td><td>首先把参数 No.3111#0（SVS）设定为 1，使系统画面能显示伺服设定和伺服调整画面。</td></tr>
<tr><td>②</td><td>依次按下如下键：［SYSTEM］键→右扩展键→［SV-PRM］软键，系统显示如下伺服参数设定画面：

伺服设定 O1234 N00000
X 轴 PAGE: 1/ 2
电机种类 0
标准参数载入 1
电机代码 156
电机名称 βiS4/4000
检测单位（μm） 1.0000

0: 标准电机（直线轴）
1: 标准电机（旋转轴）
)^ S 0 T0000
MDI **** *** *** 21:35:13
[SV.SET][SV.TUN][ ][ ][（操作）]

伺服设定 O1234 N00000
X 轴 PAGE: 2/ 2
齿轮比（N/M） 0/ 0
滚珠丝杠螺距（mm） 4
电机转动方向 CCW
外置检测（μm）的连接 0

输入轴（机床侧）旋转M转
输出轴（机械侧）旋转N转
)^ S 0 T0000
MDI **** *** *** 21:35:31
[SV.SET][SV.TUN][ ][ ][（操作）]

伺服设定画面（单轴显示）
在上述画面中，移动光标至各设定项，屏幕中偏下处均有设定相关的提示。</td></tr>
<tr><td>③</td><td>继续按下［操作］软键→右扩展键→［切换］软键，系统则显示如下伺服设定画面：

伺服设定 O1234 N01234
X 轴 Z 轴
初始设定位 00001010 00001010
电机代码 156 156
AMR 00000000 00000000
指令倍乘比 2 2
柔性齿轮比 N 1 1
（N/M） M 250 250
方向设定 -111 -111
速度反馈脉冲数 8192 8192
位置反馈脉冲数 12500 12500
参考计数器容量 2000 2000
)^ S 0 T0000
EDIT **** *** *** 21:36:28
[ ][切换][ ][ ][ ]

伺服设定画面（综合显示）

打开参数写保护开关后，在上述画面中把光标移到需要设定的参数项，根据需要直接输入相应数据即可。</td></tr>
</table>

<table>
<tr><td></td><td>各设定项说明：</td></tr>
<tr><td></td><td>A．初始设定位（INITIAL SET BITS）：常见设定值为 00001010。（等同于参数 No.2000）
说明：
#0（PLC01）：设为“0”时，检测单位为 1μm，系统使用参数 No.2023（速度脉冲数）、参数 No.2024（位置脉冲数）。设为“1”时，检测单位为 0.1μm，把上面系统参数的数值乘以 10 倍。
#1（DGPRM）：设为“0”时，系统进行数字伺服参数初始化设定，当伺服参数初始化后，该位自动变为“1”。
#3（PRMCAL）：进行伺服初始化设定时，该位自动变成“1”。系统根据编码器的脉冲数自动计算下列参数：No.2043、No.2044、No.2047、No.2053、No.2054、No.2056、No.2057、No.2059、No.2074、No.2076。</td></tr>
<tr><td></td><td>B．电机代码（MOTOR ID NO.）：根据实际电机的种类，由电机代码表查出。正确选择各轴使用的电机 ID，就可从 F-ROM 中读取相匹配的数组。
具体方法为：按照电机型号和规格号（中间 4 位：A06B-XXXX-BXXX），填入电机 ID 号中。（等同于参数 No.2020）</td></tr>
<tr><td></td><td>C. AMR：电枢倍增比，与电动机编码器类型无关。系统默认设定为“00000000”（等同于参数 No.2001）。</td></tr>
<tr><td>③</td><td>D．指令倍乘比（CMR）：设定伺服系统的指令倍率。设定值 =（指令单位 / 检测单位）×2。一般设为 2，车床直径编程时 X 轴设为 1（重新启动后显示为“102”）（等同于参数 No.1820）。</td></tr>
<tr><td></td><td>E．柔性齿轮比 N/M（FEEDGEAR N/M）：当机床传动有减速齿轮或有不同的丝杠螺距时，为使位置反馈脉冲数与指令脉冲数相同，可通过设定此参数实现。（等同于参数 No.2084、2085）柔性齿轮比按以下公式计算：
半闭环控制伺服系统：
N/M=（电机一转所需位置反馈脉冲数 / 100 万）的约分数
全闭环控制伺服系统：
N/M=（电机一转所需位置反馈脉冲数/电机一转分离型检测装置位置反馈的脉冲数）的约分数</td></tr>
<tr><td></td><td>F．方向设定（DIRECTION SET）：正方向设定为 111，从脉冲编码器端看为顺时针方向旋转；如果需要设定相反的方向，设为-111（等同于参数 No.2022）。</td></tr>
<tr><td></td><td>G．速度反馈脉冲数（VELOCITY PULSE NO.）：串行脉冲编码器设定为 8192（等同于参数 No.2023）。</td></tr>
<tr><td></td><td>H．位置反馈脉冲数（POSITION PULSE NO.）：半闭环控制系统中，设定为 12500；全闭环控制系统中，按来自分离型检测装置的位置脉冲数设定（等同于参数 No.2024，闭环时另外还要设定参数 No.2002#3=1，#4=0）。</td></tr>
<tr><td></td><td>I．参考计数器容量（REF. COUNTER）：主要用于栅格方式回原点，指栅格方式返回参考点控制的栅格宽度，根据参考计数器的容量，每隔该容量脉冲数溢</td></tr>
</table>

③	出产生一个栅格脉冲，栅格（电气栅格）脉冲与光电编码器中一转信号（物理栅格）通过参数 No.1850 偏移后，作为回零的基准栅格。设定值也可理解为返回参考点的栅格间隔，必须按电机一转所需的位置脉冲数或按该数的整数倍来设定。由于“零点基准脉冲”是由栅格指定的，而栅格又是由参考计数器容量决定的，当参考计数器容量设定错误后，会导致每次回零的位置不一致，也即回零点不准。另外，如果回零减速档块长度太短或安装位置不合适也会导致回零不准（等同于参数 No.1821）。 注意：要完成伺服参数初始化操作，要先在伺服设定画面中将初始设定位的 #1 设为“0”，然后系统断电再重新启动，即可完成初始化操作。当伺服初始化结束后，初始设定位 #1 会自动变为“1”。 以上参数设定完成后，关断系统电源，重新开机，则伺服初始化设定完成。
④	其他参数设定 ① 参数 No.1815#1：分离型检测装置是否有效。如果系统采用分离型检测装置作为位置检测装置，则把该位参数设定为“1”，否则设定为“0”。 ② 参数 No.1815#5：如果系统采用绝对编码器作为位置检测，则把该位参数设定为“1”，否则设定为“0”。

2．数控系统伺服调整

在伺服调整画面可以进行伺服参数的调整和报警的诊断，伺服的调整对机床性能也有重要影响。依次按下如下键：［SYSTEM］键→右扩展键→［SV-PRM］软键→［SV.TUN］软键，系统显示伺服调整画面，如图 5-14 所示：

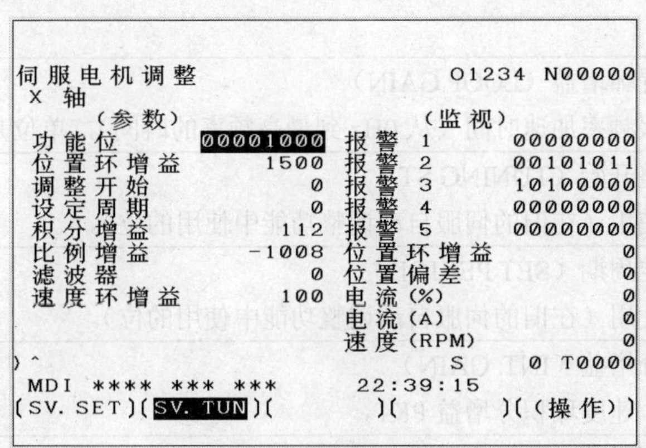

图 5-14 伺服调整画面

（1）伺服的参数调整

<table>
<tr><td>①</td><td>调整画面左侧内容用于对伺服参数的一些调整，设定时参考如下说明：
1）功能位（FUNC.BIT）
<table>
<tr><td>#7</td><td>#6</td><td>#5</td><td>#4</td><td>#3</td><td>#2</td><td>#1</td><td>#0</td></tr>
<tr><td>VOFS</td><td>OVSC</td><td>BLEN</td><td>NPSP</td><td>PIEN</td><td>OBEN</td><td>TGAL</td><td></td></tr>
</table>
#7（VOFS）：是否使用防过冲计数器</td></tr>
</table>

①	0：不使用 1：使用 #6（OVSC）：是否使用超程补偿功能 0：不使用 1：使用 #5（BLEN）：是否使用反冲加速功能 0：不使用 1：使用 #4（NPSP）：N 脉冲抑制功能 0：不使用 1：使用 #3（PIEN）：速度控制方式设定 0：I-P 控制（数控冲床） 1：P-I 控制 #2（OBEN）：速度控制观测器功能（消除高频振荡） 0：不使用 1：使用 #1（TGAL）：软件断线报警的检测水平 0：标准设定（不能修改系统参数） 1：调低检测标准（能修改系统参数） 软件断线报警级别系统参数在 FANUC-18i/0i 系统中为 No.2064（标准设定为 4）。
②	位置环增益（LOOP GAIN） 伺服频率加速时间（从 0Hz 到最高频率的时间），单位是 0.01s。
③	调整开始（TUNING ST.） 未使用（在旧的伺服自动调整功能中使用的位）。
④	设定周期（SET PERIOD） 未使用（在旧的伺服自动调整功能中使用的位）。
⑤	积分增益（INT. GAIN） 速度环积分增益 PK1。
⑥	比例增益（PROP. GAIN） 速度环比例增益 PK2。
⑦	滤波器（FILTER） 转矩指令滤波器（设定采样周期时间）。
⑧	速度环增益（VELOC.GAIN） 整个速度环增益，设定与负载惯性有关。

（2）伺服监视

调整画面右侧内容是对伺服报警的监视，报警在诊断（No.200～No.280）中也可以看到，如

图 5-15 所示：

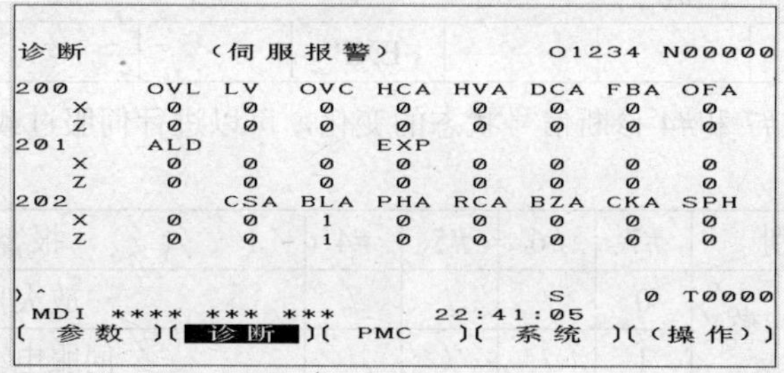


```
诊断          （伺服报警）          O1234 N00000
203      DTE  CRC  STB  PRM
   X      0    0    0    0    0    0    0    0
   Z      0    0    0    0    0    0    0    0
204      RAM  OFS  MCC  LDA  PMS  FSA
   X      0    0    0    0    0    0    0    0
   Z      0    0    0    0    0    0    0    0
205      OHA  LDA  BLA  PHA  CMA  BZA  PMA  SPH
   X      0    0    0    0    0    0    0    0
   Z      0    0    0    0    0    0    0    0

)^                                  S     0 T0000
 MDI **** *** ***          22:41:22
[ 参数 ][ 诊断 ][ PMC ][ 系统 ][（操作）]
```

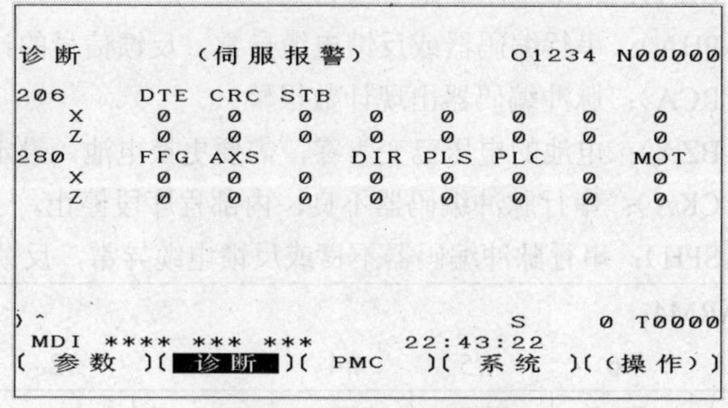

图 5-15 伺服报警诊断画面

伺服监视画面说明如下：

<table>
<tr><td>①</td><td>ALARM1：
<table>
<tr><td>#7</td><td>#6</td><td>#5</td><td>#4</td><td>#3</td><td>#2</td><td>#1</td><td>#0</td></tr>
<tr><td>OVL</td><td>LV</td><td>OVC</td><td>HCA</td><td>HVA</td><td>DCA</td><td>FBA</td><td>OFA</td></tr>
</table>
#7（OVL）：伺服过载报警（实际为伺服过热报警）。
#6（LV）：伺服低电压报警。
#5（OVC）：伺服过电流报警。
#4（HCA）：伺服异常电流报警。
#3（HVA）：伺服高电压报警。
#2（DCA）：伺服放电电路报警。
#1（FBA）：伺服断线报警。
#0（OFA）：伺服溢出报警。</td></tr>
</table>

<table>
<tr><td>②</td><td>
ALARM2:
<table>
<tr><td>#7</td><td>#6</td><td>#5</td><td>#4</td><td>#3</td><td>#2</td><td>#1</td><td>#0</td></tr>
<tr><td>ALD</td><td></td><td></td><td>EXP</td><td></td><td></td><td></td><td></td></tr>
</table>
通过#7 和#4 诊断信号状态的变化，可以进行伺服过载和断线报警，如下表所示：
<table>
<tr><td>类别</td><td>#7</td><td>#6</td><td>#5</td><td>#4</td><td>报警内容</td></tr>
<tr><td rowspan="2">过载报警</td><td>0</td><td>/</td><td>/</td><td>/</td><td>放大器过热</td></tr>
<tr><td>1</td><td>/</td><td>/</td><td>/</td><td>伺服电动机过热</td></tr>
<tr><td rowspan="3">断线报警</td><td>1</td><td>/</td><td>/</td><td>0</td><td>内装编码器断线报警（硬件）</td></tr>
<tr><td>1</td><td>/</td><td>/</td><td>0</td><td>分离型检测装置断线报警（硬件）</td></tr>
<tr><td>0</td><td>/</td><td>/</td><td>0</td><td>检测装置断线报警（软件）</td></tr>
</table>
</td></tr>
<tr><td>③</td><td>
ALARM3:
<table>
<tr><td>#7</td><td>#6</td><td>#5</td><td>#4</td><td>#3</td><td>#2</td><td>#1</td><td>#0</td></tr>
<tr><td></td><td>CSA</td><td>BLA</td><td>PHA</td><td>RCA</td><td>BZA</td><td>CKA</td><td>SPH</td></tr>
</table>
#6（CSA）：串行脉冲编码器的硬件异常。
#5（BLA）：电池电压不足（警告）。
#4（PHA）：串行编码器或反馈电缆异常，反馈信号的计数器错误。
#3（RCA）：脉冲编码器出现计数报警。
#2（BZA）：电池的电压已变为零，需要更换电池，设定参考点。
#1（CKA）：串行脉冲编码器不良，内部程序段停止。
#0（SPH）：串行脉冲编码器不良或反馈电缆异常，反馈信号的计数出错。
</td></tr>
<tr><td>④</td><td>
ALARM4:
<table>
<tr><td>#7</td><td>#6</td><td>#5</td><td>#4</td><td>#3</td><td>#2</td><td>#1</td><td>#0</td></tr>
<tr><td>DTE</td><td>CRC</td><td>STB</td><td>PRM</td><td></td><td></td><td></td><td></td></tr>
</table>
#7（DTE）：串行编码器通信异常，通讯没有应答。
#6（CRC）：串行编码器通信异常，传送的数据有错。
#5（STB）：串行编码器通信异常，传送的数据有错。
#4（PRM）：数字伺服侧检测的参数不正确。
</td></tr>
<tr><td>⑤</td><td>
ALARM5:
<table>
<tr><td>#7</td><td>#6</td><td>#5</td><td>#4</td><td>#3</td><td>#2</td><td>#1</td><td>#0</td></tr>
<tr><td></td><td>OFS</td><td>MCC</td><td>LDM</td><td>PMS</td><td></td><td></td><td></td></tr>
</table>
#6（OFS）：数字伺服电流值的 A/D 转换异常。
#5（MCC）：伺服放大器的电磁开关触点熔断。
#4（LDM）：α 脉冲编码器的 LED 异常。
#3（PMS）：α 脉冲编码器或反馈电缆异常，使反馈脉冲不正确。
</td></tr>
<tr><td>⑥</td><td>位置环增益：显示实际的回路增益。</td></tr>
<tr><td>⑦</td><td>位置偏差：显示实际的位置偏差量。</td></tr>
</table>

⑧	电流（%）：显示额定电流的百分比。
⑨	电流（A）：显示额定电流的大小。
⑩	速度（RPM）：显示电动机实际转速。

（3）伺服设定指南：

①	设定时，首先将功能位的#3（PI）设定 1（冲床为 0）。
②	位置环增益设定为 1500（在机床不产生振动的情况下，可以设定一更大值，如：5000），该项目设定太小（如 200），机床动作将表现出明显的滞后性和低速性。
③	调整开始、设定周期项不设定。
④	积分增益、比例增益不更改。
⑤	速度环增益的设定：从 100 开始增加，每增加 100 后，用 JOG 方式分别以慢速和最快速移动坐标，看是否振动。或观察伺服波形（TCMD），检查是否平滑。调整原则是：尽量提高设定值，但是调整的最终结果，都要保证在手动快速，手动慢速，进给等各种情况都不能有振动。 注：速度增益=（1+负载惯量比（参数 2021）/256）×100。负载惯量比表示电机的惯量和负载的惯量比，直接和机床的机械特性相关，一定要调整。

3．FANUC 系列伺服总线（FSSB）基本设定

FANUC 系列伺服总线，英文名称为 Fanuc Serial Servo Bus（缩写 FSSB），能够将 1 台主控器（CNC 装置）和多台从控器用光缆连接起来，在 CNC 与伺服放大器间用高速串行总线（串行数据）进行通信。主控器侧是 CNC 本体，从控器则是伺服放大器（主轴放大器除外）及分离型位置检测器用的接口装置（见图 5-16）。

图 5-16 FANUC 系列伺服放大器串行接口

（1）FSSB 自动设定过程

①	设定系统的总控制轴数。设定参数 No.1010，如：4 轴数控机床设定参数 No.1010=3。
②	伺服参数初始化。

<table>
<tr><td>③</td><td>
正确设定伺服轴名和伺服轴属性。由于 FSSB 串行结构的特点，数控轴与伺服轴之间的对应关系可以很灵活的定义，设定参数分别为 No.1020 和 No.1022。设定值参考下表：
<table>
<tr><th>轴名</th><th>设定值</th><th>轴名</th><th>设定值</th><th>轴名</th><th>设定值</th></tr>
<tr><td>X</td><td>88</td><td>Y</td><td>89</td><td>Z</td><td>90</td></tr>
<tr><td>U</td><td>85</td><td>V</td><td>86</td><td>W</td><td>87</td></tr>
<tr><td>A</td><td>65</td><td>B</td><td>66</td><td>C</td><td>67</td></tr>
<tr><td>E</td><td>69</td><td></td><td></td><td></td><td></td></tr>
</table>
表　进给伺服轴名设定（参数 No.1020）
<table>
<tr><th>设定值</th><th>意 义</th><th>设定值</th><th>意 义</th></tr>
<tr><td>0</td><td>非基本轴亦非平行轴</td><td>5</td><td>平行轴 U 轴</td></tr>
<tr><td>1</td><td>基本轴中的 X 轴</td><td>6</td><td>平行轴 V 轴</td></tr>
<tr><td>2</td><td>基本轴中的 Y 轴</td><td>7</td><td>平行轴 W 轴</td></tr>
<tr><td>3</td><td>基本轴中的 Z 轴</td><td></td><td></td></tr>
</table>
表　伺服轴属性设定（参数 No.1022）
</td></tr>
<tr><td>④</td><td>将系统参数 No.1902#0、#1 均设定为“0”，执行 FSSB 自动设定。</td></tr>
<tr><td>说明</td><td>
参数 No.1902#0（FMD）=0，表示执行自动 FSSB 设定，当在 FSSB 设定画面设定了轴和放大器的信息时，参数 No.1023、1905、1910～1919、1936 和 1937 由系统计算自动设定；设为 1 时，表示手动设定方式，前述参数由手工设定。
参数 No.1902#1（ASE）=0，表示系统没有完成 FSSB 功能设定。当选择 FSSB 自动设定方式（参数 No.1902#0 设为 0）完成自动设定后，该位自动设为“1”。
5）系统断电再重新上电，完成 FSSB 自动设定功能。
注意：在进行 FSSB 自动设定时，伺服放大器必须通电，否则不能正确设定。
</td></tr>
</table>

（2）伺服放大器 FSSB 设定

依次按下如下键：［SYSTEM］键→右扩展键（多次）→［FSSB］软键→［放大器］软键(AMP)，系统显示如图 5-17 所示伺服放大器 FSSB 设定画面：

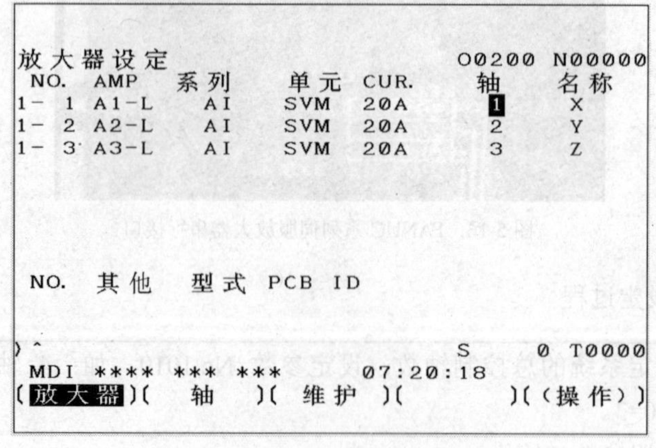

图 5-17　伺服放大器 FSSB 设定画面

画面中各项内容意义：

①	◆ NO.：从属装置编号，表示某通道下从属装置排序的编号。如“1-2”表示 1 通道下的第 2 从属装置。离 CNC 最近的从属装置编号为“1”。
②	◆ AMP：从属装置所接放大器及第几轴。 放大器的类型用“字符 A+编号+字符 L 或 M”表示。A 表示“放大器”；编号表示放大器的安装位置，离 CNC 最近的编号为 1，L、M 表示双轴放大器模块上的进给轴，L 为第 1 轴，M 为第 2 轴。 如：A1-L 表示第一个模块的第 1 轴；A1-M 表示第一个模块的第 2 轴；A2-L 表示第二个模块的第 1 轴。
③	◆ 系列（SERIES）：放大器的系列。如“AI”表示伺服放大器为 αi 系列。
④	◆ 单元（UNIT）：放大器是伺服单元还是伺服模块。如“SVM”表示伺服模块。
⑤	◆ CUR：该从属装置驱动放大器控制的轴的最大电流。
⑥	◆ 轴（AXIS）：从属装置的连接顺序号。该轴号显示的是在参数 No.1920～1929 中指定的被控轴号。若指定的轴号超出了允许值范围，则显示“0”。
⑦	◆ 名称（NAME）：表示从属装置的轴名（由参数 No.1020 指定）。

（3）伺服轴 FSSB 设定

依次按下如下键：［SYSTEM］键→右扩展键（多次）→［FSSB］软键→［轴］软键（AXIS），系统显示如图 5-18 所示伺服轴 FSSB 设定画面：

```
轴设定                                  O0200 N00000

   轴     名称  AMP    M1  M2   1-DSP   CS  TNDM

   1       X    A1-L   0   0     0      0    0
   2       Y    A2-L   0   0     0      0    0
   3       Z    A3-L   0   0     0      0    0

)^                                  S    0 T0000
 MDI **** *** ***        07:20:37
(放大器)(  轴  )( 维护 )(          )(（操作）)
```

图 5-18 伺服轴 FSSB 设定画面

在此画面进行分离检测器接口单元（光栅适配器）的连接器号和 Cs 轮廓控制等的设定。使用分离检测器接口单元（光栅适配器）时，在 M1 和 M2 上设定对应各轴的连接器号，对于不使用分离检测器接口单元的轴，设定 0。使用分离检测器的轴，须将参数 1815#1 置 1。

画面中各项内容意义：

①	轴（AXIS）：被控轴的编号，表明 NC 控制轴的安装位置。
②	名称（NAME）：被控轴的名称。
③	AMP：各轴所连的放大器的型式。
④	M1：第 1 个光栅适配器模块编号，指分离型检测器接口单元 1 的连接器号（在参数 No.1931 中设定）。
⑤	M2：第 2 个光栅适配器模块编号，指分离型检测器接口单元 2 的连接器号（在参数 No.1932 中设定）。 ◆ 1-DSP：参数 No.1904#0（1DSP）的设定值，指一个轴使用一个 DSP（伺服控制 CPU）。如果某个轴设为 1，表示使用专门的 DSP。通常伺服卡上的一个 DSP 可以控制 2 个伺服轴。
⑥	1-DSP：参数 No.1904#0（1DSP）的设定值，指一个轴使用一个 DSP（伺服控制 CPU）。如果某个轴设为 1，表示使用专门的 DSP。通常伺服卡上的一个 DSP 可以控制 2 个伺服轴。
⑦	CS：Cs 轮廓控制轴（在参数 No.1933 中设定），指用主轴电机实现 C 轴位置控制。对于 Cs 控制轴，如车削中心带 C 轴控制，应设为“1”。
⑧	TNDM（M 系列）：进行并行控制运转的轴，设定为“并行控制（Tandem）”。主动轴设定为奇数，从动轴设定为连续的偶数号。参数 No.1934 的指定值，0i 和 0i-Mate 不用。 注：所谓“并行控制”，指用于两个电机驱动一个机械负载的情况。

相关知识五 伺服报警解除

表 5–5 常见伺服报警

序号	报警号	报警内容	可能原因	解决办法
1	417	SERVO ALARM:n-TH AXIS-PARAMETER INCORRECT	1）伺服设定画面的各项数据有误 2）误设使用分离型检测器参数	打开诊断 352，检查具体是哪个参数设定错误，然后修正设定值
2	432		伺服放大器先上电	检查上电时序
3	433			检查接线
4	436	过电流	机械夹紧/抱闸	检查机械/抱闸/电机三相是否缺相
5	466	n AXIS:MOTOR/AMP COMBINATION	电机与放大器不匹配	电机参数设定不正确，检查电机参数
6	926		放大器 24V 电源不稳定/上电时序不对	检查 24V 电源或上电时序
7	5136	FSSB:NUMBER OF AMPS IS SMALL	FSSB 的轴设定不正确	重新设定 FSSB
8	5138	FSSB:AXIS SETTING NOT COMPLETE	FSSB 设定没有完成	进行 FSSB 设定

表 5–6　　FANUC 系统常用伺服电动机 ID 代码表：

ID 代码	伺服电动机	ID 代码	伺服电动机	ID 代码	伺服电动机
7	αC3/2000	22	α22/3000	174	β22/3000iS
8	αC6/2000	23	α30/3000	176	αC8/2000i
9	αC12/2000	27	α22/1500	177	α8/3000i
10	αC22/1500	28	α30/1200	191	αC12/2000i
15	α3/2000	30	α40/2000	193	α12/3000i
16	α6/2000	33	β3/3000	196	αC22/2000i
17	α6/3000	34	β6/2000	197	α22/3000i
18	α12/2000	36	β2/3000	201	αC30/1500i
19	α12/3000	158	β8/3000iS	203	α30/3000i
20	α22/2000	172	β12/3000iS	207	α40/3000i

表 5–7　　伺服驱动器常用参数说明

参数含义	0i MA/MB 0i-Mate-MB 16/18/21M 16i/18i/21iM	0i TA/TB 0i-Mate-TB 16/18/21T 16i/18i/21iT	备注（一般设定值）
程序输出格式为 ISO 代码	0#1	0#1	1
数据传输波特率	103，113	103，113	10
I/O 通道	20	20	0：232 口；4：存储卡
用存储卡 DNC	138#7	138	1：可选 DNC 文件
未回零执行自动运行	1005#0	1005#0	调试时为 1
直线轴/旋转轴	1006#0	1006#0	旋转轴为 1
半径编程/直径编程	/	1006#3	车床的 X 轴 (同时 CMR=1)
参考点返回方向	1006#5	1006#5	0：+；1：–
轴名称	1020	1020	88(X)；89(Y)；90(Z)；65(A)；66(B)；67(C)
轴属性	1022	1022	1，2，3
轴连接顺序	1023	1023	1，2，3
存储行程限位正极限	1320	1320	调试为 99999999
存储行程限位负极限	1321	1321	调试为-99999999
未回零执行手动快速	1401#0	1401#0	调试为 1
空运行速度	1410	1410	1000 左右
各轴快移速度	1420	1420	8000 左右
最大切削进给速度	1422	1422	8000 左右
各轴手动速度	1423	1423	4000 左右

续表

参数含义	0i MA/MB 0i-Mate-MB 16/18/21M 16i/18i/21iM	0i TA/TB 0i-Mate-TB 16/18/21T 16i/18i/21iT	备注（一般设定值）
各轴手动快移速度	1424	1424	可为 0，同 1420
各轴返回参考点 FL 速度	1425	1425	300～400
快移时间常数	1620	1620	50～200
切削时间常数	1622	1622	50～200
JOG 时间常数	1624	1624	50～200
分离型位置检测器	1815#1	1815#1	全闭环为 1
电机绝对编码器	1815#5	1815#5	伺服带电池为 1
各轴位置环增益	1825	1825	3000
各轴到位宽度	1826	1826	20～100
各轴移动位置偏差极限	1828	1828	调试为 10000
各轴停止位置偏差极限	1829	1829	200
各轴反向间隙	1851	1851	实际测量值
P-I 控制方式	2003#3	2003#3	1
单脉冲削除功能	2003#4	2003#4	停止时微小震动设 1
虚拟串行反馈功能	2009#0	2009#0	如不带电机为 1
电机代码	2020	2020	按电机型号查表
负载惯量比	2021	2021	200 左右
电机旋转方向	2022	2022	111 或-111
速度反馈脉冲数	2023	2023	8192
位置反馈脉冲数	2024	2024	半闭环：12500； 全闭环：电机一转时走的微米数
柔性进给传动比 N（分子）	2084，2085	2084，2085	传动比，计算
互锁信号无效	3003#0	3003#0	*IT(G8.0)
各轴互锁信号无效	3003#2	3003#2	*ITX-*IT4(G130)
各轴方向互锁信号无效	3003#3	3003#3	*ITX-*IT4(G132，G134)
减速信号极性	3003#5	3003#5	行程开关(常闭)为 0 接近开关(常开)为 1
超程信号无效	3004#5	3004#5	出现 506，507 报警时设为 1
显示器类型	3100#7	3100#7	0：单色；1：彩色
中文显示	3102#3	3102#3(3190#6)	1
实际进给速度显示	3105#0	3105#0	1
主轴速度和 T 代码显示	3105#2	3105#2	1

续表

参数含义	0i MA/MB 0i-Mate-MB 16/18/21M 16i/18i/21iM	0i TA/TB 0i-Mate-TB 16/18/21T 16i/18i/21iT	备注（一般设定值）
主轴倍率显示	3106#5	3106#5	1
实际手动速度显示 指令	3108#7	3108#7	1
伺服调整画面显示	3111#0	3111#0	1
主轴监控画面显示	3111#1	3111#1	1
操作监控画面显示	3111#5	3111#5	1
伺服波形画面显示	3112#0	3112#0	需要时设 1，最后设为 0
指令数值单位	3401#0	3401#0	0：微米；1：毫米
各轴参考点螺补号	3620	3620	实测
各轴正极限螺补号	3621	3621	
各轴负极限螺补号	3621	3621	
螺补数据放大倍数	3623	3623	
螺补间隔	3624	3624	
是否使用串行主轴	3701#1	3701#1	0：带；1：不带
检测主轴速度到达信号	3708#0	3708#0	1：检测
主轴电机最高钳制速度	3736	/	限制值/最大值*4095
主轴各档最高转速	3741/2/3	3741/2/3	电机最大值/减速比
是否使用位置编码器	4002#1	4002#1	1：使用
手轮是否有效	8131#0(OI)	8131#0(OI)	0：增量方式
串行主轴有效	3701#1	3701#1	

■ 拓展问题

FANUC 系列各种伺服驱动器应用很多，通过本节课的学习，请查看相关的资料，列出 αi 系列伺服模块的接口定义、安装方法。

FANUC机床参考点功能调试

机床参考点是用于对机床运动进行检测和控制的固定位置点。数控机床开机时，必须先确定机床原点，即坐标轴返回参考点的操作。只有机床参考点被确认后，刀具（或工作台）移动才有基准。

■ 项目学习目标

1．掌握返回参考点的方式与电路连接。

2．相关信号的诊断与参数的调整。

3．机床回参考点故障的排除。

■ 项目课时分配

8 学时

■ 本任务工作流程

1．导入新课。

2．检查讲评学生完成导读工作页情况。

3．对生产车间机床进行回参考点操作，观察回参考点的动作。

4．对机床参考点外围连接，参数的讲解、实践。

5．巡回指导学生实习。

6．结合生产车间数控设备进行回参考点故障的检测与维修。

7．组织学生“拓展问题”讨论。

8．本任务学习测试。

9．测试结束后，组织学生填写活动评价表。

10．小结学生学习情况。

■ 任务所需器材

计算机、数控维修实训 12 台、数控机床 6 台、电工工具、电工常用耗材、本任学习测试资料。

■ 课前导读（阅读教材查询资料在课前完成）

1．如图 6-1 所示，请完成下列表格 6-1 的填写。

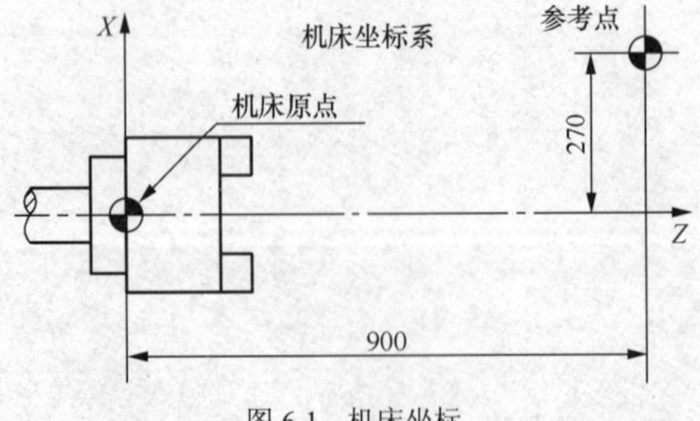

图 6-1　机床坐标

表 6–1 机床坐标

序号	名称	含　义
(1)	机床坐标系	
(2)		机床上一固定点，是建立工件坐标系、机床调试的基准点，车床机床原点在卡盘端面与主轴中心线的交点，铣床机床原点在机床 X Y Z 轴正方向极限的交点
(3)	参考点	

2. 如图 6-2 所示的机床操作面板，根据对程数控机床编程与操作的学习，写出下面 4 个不同按钮的名称和作用（见表 6-2）。

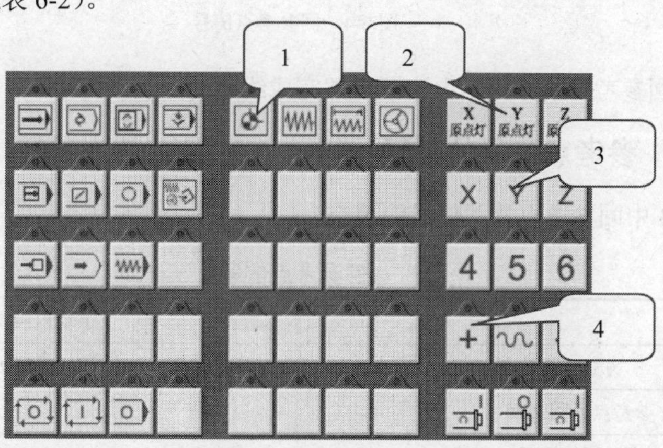

图 6-2　机床操作面板

表 6–2 机床操作面板

序号	名称	含义
(1)	回参考点模式	
(2)	原点指示灯	
(3)		选择运动的坐标轴
	正向	

■ 情境描述

数控机床开机时，必须先确定机床原点，即刀架返回参考点的操作。只有机床参考点被确认后，刀具（或工作台）移动才有基准，如图 6-3 所示。是不是所有数控设备都必须回参考点？

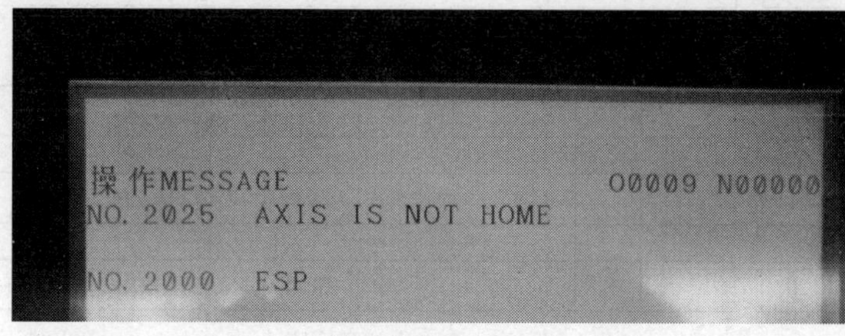

图 6-3　机床需回参考点

■ 任务实施

任务实施一　回参考点的外围控制

在数控系统中，回参考点的信号，如图 6-4 所示。

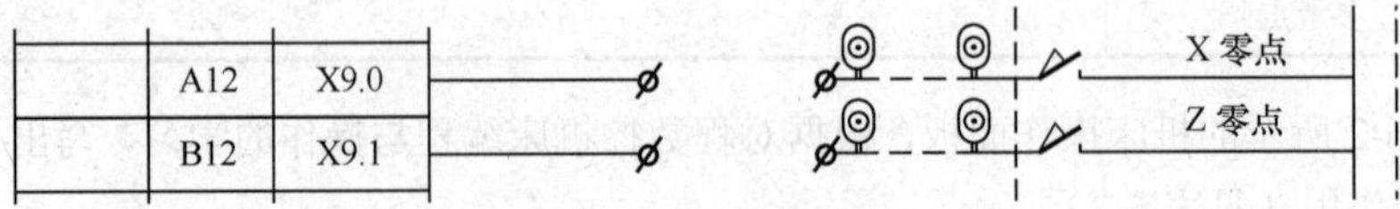

图 6-4　回参考点信号

实施：分析回参考点信号控制电路图，并完成线路的安装。

任务实施二　参考点信号的处理

请完成表 6-3 中回参考点相关信号的填空。

表 6–3　回参考点信号

	手动返回参考位置
方式选择	MD1，MD2，MD4
参考点返回选择	
移动轴选择	+J1，-J1，+J2，-J2，+J3，-J3，…
移动速度选择	ROV1，ROV2
	*DEC1，*DEC2，*DEC3…
参考点返回结束信号	
参考点建立信号	ZRF1，ZRF2，ZRF3，…

任务实施三　参考点信号的地址

请完成图 6-5 中回参考点相关信号的填空

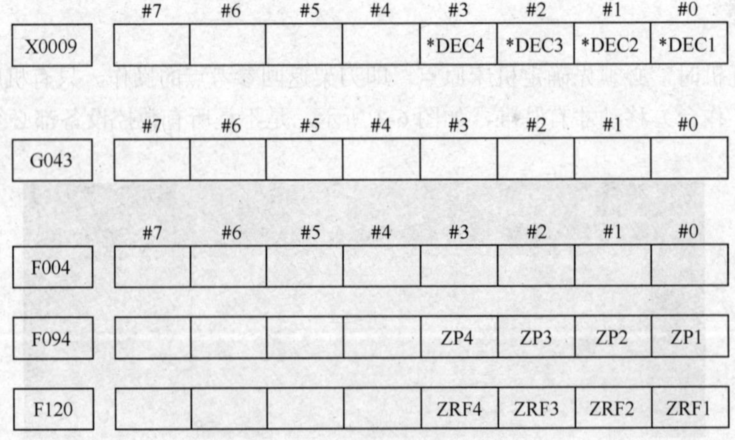

	#7	#6	#5	#4	#3	#2	#1	#0
X0009					*DEC4	*DEC3	*DEC2	*DEC1

	#7	#6	#5	#4	#3	#2	#1	#0
G043								

	#7	#6	#5	#4	#3	#2	#1	#0
F004								
F094					ZP4	ZP3	ZP2	ZP1
F120					ZRF4	ZRF3	ZRF2	ZRF1

图 6-5　参考点信号地址

实施：对回参考点的信号在 PMC 中监控。

任务实施四 手动返回参考位置的步骤

请根据手动返回参考位置的步骤对图 6-6 进行补充。

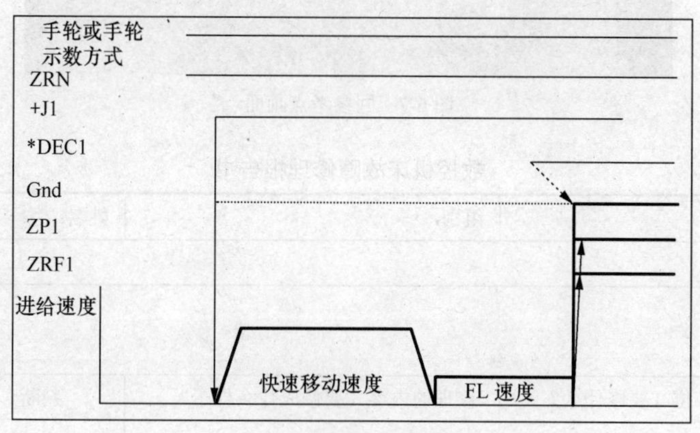

图 6-6 回参考点步骤

讨论：手动回参考点中 Gnd 信号的作用。

____

____

任务实施五 回参考点报警信息

请完成表 6-4 中报警信息的填写。

表 6-4 回参考点报警信息

序号	信息	说明
090		1. 参考点返回不能执行。通常是因为参考点返回的开位置离参考点太近或者速度太慢，可以操作机床使开始点距参考点有足够的距离，或设定一个足够快的速度再返回参考点。 2. 在使用绝对位置检测器进行参考点返回时，在上述 1 的条件满足时，仍然出现报警，请按如下处理： 在使电机旋转 1 转以上后，重新开启电源，然后再进行参考点返回。
091		在进给暂停状态下不能执行手动参考点返回。在自动运行状态下时停止或进行复位，再执行手动参考点返回。
224	需返回参考点	

任务实施六 手动回参考点故障的排除

报警现象：机床在开机后坐标轴无法回参考点并发生如图 6-7 所示报警。数控机床故障修理报告书如表 6-5 所示。

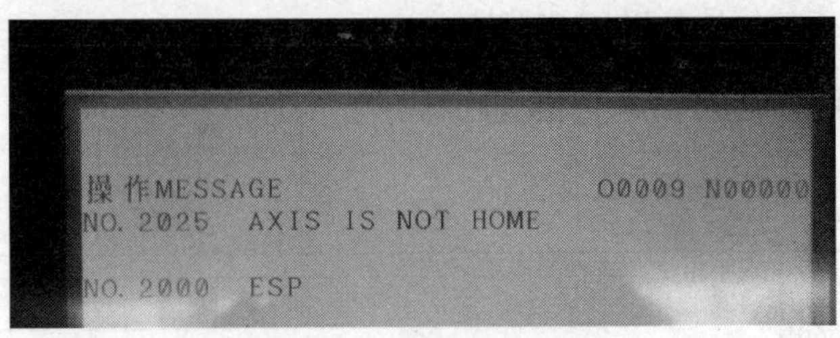

图 6-7 回参考点画面

表 6–5 数控机床故障修理报告书

班级：		组别：	姓名：	
故障现象				
故障原因分析				
故障修理过程	修理部位（要修什么？）	修理的内容（要修成什么样子？）	判断	备注
	<原因>			
<教师评语>				

任务实施七 回参考点故障的排除

报警现象：机床发生如图 6-8 所示的 No.90 报警。数控机床故障修理报告书如表 6-6 所示。

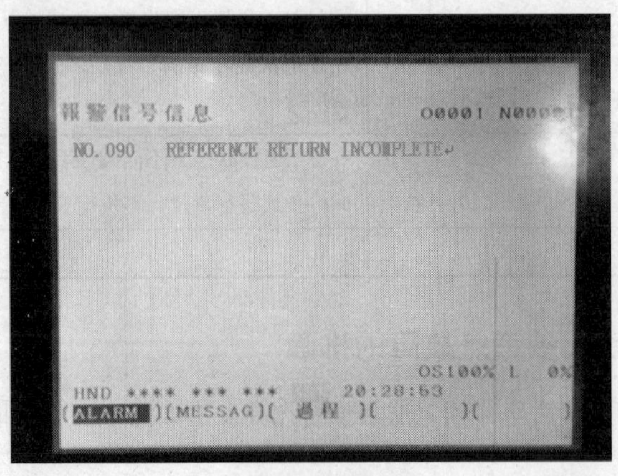

图 6-8 90 号报警画面

表 6-6　　数控机床故障修理报告书

<table>
<tr><td colspan="2">班级：</td><td>组别：</td><td colspan="2">姓名：</td></tr>
<tr><td>故障现象</td><td colspan="4"></td></tr>
<tr><td>故障原因分析</td><td colspan="4"></td></tr>
<tr><td rowspan="7">故障修理过程</td><td>修理部位（要修什么？）</td><td>修理的内容（要修成什么样子？）</td><td>判断</td><td>备注</td></tr>
<tr><td></td><td></td><td></td><td></td></tr>
<tr><td></td><td></td><td></td><td></td></tr>
<tr><td></td><td></td><td></td><td></td></tr>
<tr><td></td><td></td><td></td><td></td></tr>
<tr><td></td><td></td><td></td><td></td></tr>
<tr><td colspan="4"><原因></td></tr>
<tr><td colspan="5"><教师评语></td></tr>
</table>

■ 活动评价

表 6-7　　职业功能模块教学项目过程考核评价表

<table>
<tr><td colspan="3">专业：数控系统连接与调试</td><td colspan="2">班级：</td><td>学号：</td><td colspan="2">姓名：</td></tr>
<tr><td colspan="8">项目名称：</td></tr>
<tr><td rowspan="3">评价项目</td><td rowspan="3">评价标准</td><td rowspan="3">评价依据（信息、佐证）</td><td colspan="2">评价方式</td><td rowspan="3">权重</td><td rowspan="3">得分小计</td><td rowspan="3">总分</td></tr>
<tr><td>小组评分</td><td>个人评分</td></tr>
<tr><td>20%</td><td>80%</td></tr>
<tr><td>职业素质</td><td>1．遵守管理规定、学习纪律、安全操作规程
2．按时完成学习及工作任务、工作积极主动、勤学好问</td><td>1．考勤
2.工作及学习态度</td><td></td><td></td><td>20%</td><td></td><td rowspan="2"></td></tr>
<tr><td>专业能力</td><td>1. 课前导读完成情况（10 分）
2. 回参考点外围控制（20 分）
3. 回参考点信号的监控与诊断（20 分）
4. 回参考点故障的维修（30 分）
5. 填写回参考点故障维修记录（20 分）</td><td>1.项目完成情况
2.相关记录</td><td></td><td></td><td>80%</td><td></td></tr>
<tr><td>个人评价</td><td colspan="7">学员签名：　　　　日期：</td></tr>
<tr><td>教师评价</td><td colspan="7">教师签名：　　　　日期：</td></tr>
</table>

■ 相关知识

相关知识一　机床参考点

机床参考点的位置是由机床制造厂家在每个进给轴上用限位开关精确调整好的，坐标值已输入数控系统中。通常在数控铣床上机床原点和机床参考点是重合的；而在数控车床上机床参考点是离机床原点最远的极限点。数控机床开机时，必须先确定机床原点，即刀架返回参考点的操作。只有机床参考点被确认后，刀具（或工作台）移动才有基准。

相关知识二　参考点信号的处理

在手动返回参考点方式下，如果将进给轴和方向选择信号置为 1，机床则沿着参数 ZMI（No.1006 第 5 位）所设定的方向移动，一直到该轴到达参考点。手动参考点返回是使用栅格方式完成的，参考位置取决于电子栅格，电子栅格决定于接收到的位置检测的一转信号。

手动返回参考位置的步骤：

1．选择 JOG 方式或 TEACH IN JOG 方式，将手动返回参考点选择信号 ZRN 置为“1”。

2．将要回参考点的坐标轴的方向选择信号（+J1，-J1+J2，-J2）置为“1”，使该轴向参考点移动。

3．进给轴和方向选择信号为“1”时，该轴会以快速进给移动。虽然快速倍率信号此时有效（Rov1，Rov2），但通常仍将倍率设为 100%。

4. 当接近参考点时，安装在机床上的限位开关会被压下，使参考点减速信号（*DEC1，*DEC2，*DEC3…）变为“0”，使该轴移动速度减为 0，之后，机床以固定的低速 FL 移动（参数 No.1425 为返回参考点的 FL 进给速度）。

5．当用于减速的限位开关脱开后，减速信号再次变为“1”，机床会以固定进给度继续进给，直到到达第 1 个栅格点（电子栅格点），并停止。

6．当确定坐标位置在到位宽度范围内后，参考点返回结束信号（ZP1，ZP2，ZP3，…）和参考点建立信号（ZRF1，ZRF2，ZRF3，…）输出为“1”。

注：第 2 步及其后的步骤是各轴分别进行的，即：同时控制轴数通常为是一个轴，但可以通过参数 JAX（No.1002#0）设定为三个轴同时运动。在第 2 到 5 步操作之间，如果进给方向选择信号（+J1，-J1，+J2，-J2）变为“0”，则机床运动会立即停止，且返回参考点操作被取消。如该信号再变为“1”，操作会从第 3 步重新开始（快速进给）。

相关知识三　手动返回参考点选择信号

1．手动返回参考点选择信号

（ZRN）<G043#7>

[类别]输入信号

[功能]该信号用来选择手动参考点返回状态。手动参考点回零实际上是工作在 JOG 方式，换句话说，要选择手动参考点返回方式，首先要选择 JOG 进给方式，其次将手动返回参考点选择信号置为“1”。

[动作]手动返回参考点选择信号置为“1”时，控制单元的工作如下：

如果不在 JOG 进给方式，系统将忽略手动返回参考点选择信号。

在选择 JOG 方式下，手动返回参考点选择信号才会有效，在此情况下，手动返回参考点状态信号 MREF 变为“1”。

2．手动返回参考点选择检测信号

MREF<F004#5>

[类别]输出信号

[功能]该信号指示手动返回参考点方式中。

[输出条件]信号变为“1”，如选择了手动返回参考点方式。信号变为“0”，手动返回参考点方式被中断。

3．参考点返回减速信号

*DEC1～*DEC4<X0009>

[类别]输入信号

[功能]这些信号在手动参考点返回操作中，使移动速度减速到 FL 速度，每个坐标轴对应一个减速信号。减速信号后的数字代表坐标轴号。

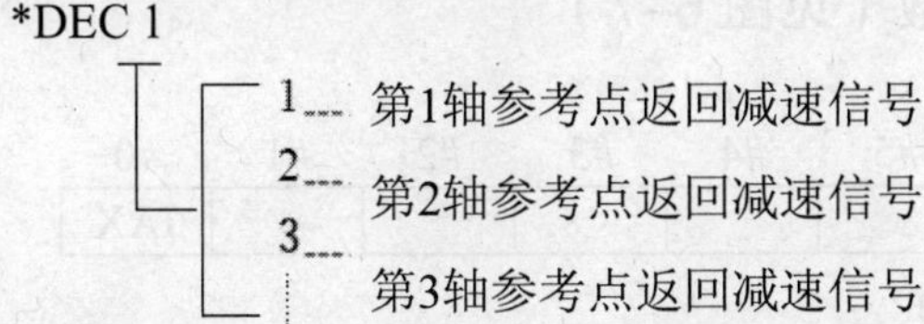

[动作]控制单元对减速信号的动作的说明，参见手动返回参考点的基本步骤。

4．参考点返回结束信号

ZP1～ZP4<F094>

[类别]输出信号

[功能]该信号通知机床已经处于该轴的参考点上。每个座标轴对应一个信号。信号名称的数字代表控制轴号。

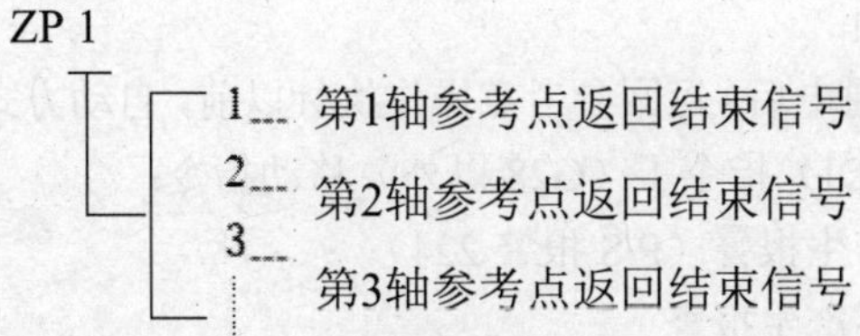

[输出条件]这些信号当满足以下条件是为“1”:

- 手动参考点返回已经完成，当前位置处于在位区域内。
- 自动参考点返回（G28）完成，当前位置处于在位区域内。
- 参考点返回检测（G27）完成，当前位置处于在位区域内。

当满足以下条件时，这些信号变为“0”:

- 机床移出参考点位置。
- 急停信号有效时。
- 出现伺服报警。

5．参考点建立信号

ZRF1～ZRF4<F120>

[类别]输出信号

[功能]指示系统已经建立了参考点。

各坐标轴都有参考点建立信号，信号名后边的数字代表控轴号。

Z RF 1
- 1… 第1轴参考点建立信号
- 2… 第2轴参考点建立信号
- 3… 第3轴参考点建立信号

[输出条件]在下列情况下，信号输出“1”。

- 手动参考点返回后建立了参考点。
- 使用绝对位置检测器上电初始化时，建立了参考点。

在下列情况下信号设为“0”

- 丢失参考位置时。

相关知识四　回参考点参数（见图 6–7）

	#7	#6	#5	#4	#3	#2	#1	#0
1002								JAX

[数据类型]　位型

JAX　JOG 进给时，手动快速进给和手动参考点返回时同时控制轴数。

0：1 轴

1：3 轴

	#7	#6	#5	#4	#3	#2	#1	#0
1005								ZRN_X

[数据类型]　位-轴

ZRN_X　在（通电后）返回参考点操作执行以前，自动方式（含 MEM，RMT 或 MDI）指令了（G28 以外）移动指令：

0：产生报警（P/S 报警 224）

1：不产生报警

	#7	#6	#5	#4	#3	#2	#1	#0
1005			ZMI_X					

注

此参数如被改变，继续操作前需关闭电源，再开机。

[数据类型]　位-轴

ZMI_X　参考点返回方向

0：正向

1：负向

	#7	#6	#5	#4	#3	#2	#1	#0
1201						ZCL		

[数据类型] 位型

ZCL 手动参考点返回执行后，局部坐标系

0：不取消局部坐标系

1：取消局部坐标系

1240	各轴在参考点的机床坐标系下的位置坐标值

> 注
>
> 参考设定后，需要关闭电源，在重新启动后，参数才有效。

[数据类型] 双字-轴型

[数据单位]

增量系统	IS-A	IS-B	IS-C	单位
公制输入	0.01	0.001	0.0001	mm
英制输入	0.001	0.0001	0.00001	Inch
旋转轴	0.01	0.001	0.0001	deg

	#7	#6	#5	#4	#3	#2	#1	#0
1300		LZR						

[数据类型] 位型

LZR 从上电到手动参考点返回期间是否进行存储行程限位 1 检测

0：执行行程限位 1 检测。

1：不执行行程限位 1 检测。

	#7	#6	#5	#4	#3	#2	#1	#0
1401						JZR		

[数据类型] 位型

JZR 以 JOG 进给速度手动返回参考点

0：不执行

1：执行

1425	各轴参考点返回的速度（FL）

[数据类型] 字-轴型

[数据单位]

[有效数据范围]

增量系统	数据单位	有效数据范围	
		IS-A，IS-B	IS-C
公制机床	mm	6-15000	6-12000
英制机床	Inch	6-6000	6-4800
旋转轴	1deg/min	6-15000	6-12000
各轴参考点返回时减速后的FL速度值			

1800	#7	#6	#5	#4	#3	#2	#1	#0
						OZR		

[数据类型] 位型

OZR 在自动运行暂停状态（进给暂停状态）中，在符合下列任一条件时，如执行手动返回参考点操作

0：不能执行手动参考点返回，并产生P/S No.091报警。

1：可以执行手动参考点返回，不产生报警。

1821	各轴参考计数器容量

[数据类型] 双字-轴型

[有效数据范围] 0～+99999999

设定为参考计数器容量值。

参考计数器容量用来指定栅格方式返回参考点时的栅格间隔。

$$参考计数器容量=\frac{栅格间隔}{检测单位}$$

栅格间隔=脉冲编码器的每转移动量

> 注
>
> 当此参数被设定后，继续操作前必须重新启动系统电源。

1836	参考点返回时可能的伺服误差值

[数据类型] 双字-轴型

[数据单位] 检测单位

[有效数据范围] 0～127

该参数用于设定在手动参考点返回时，返回参考位置的有效伺服误差。

通常此参数设定为0（设定为0时，128为缺省值）。

> 警告
>
> 当参数No.2000的第0位设定为1时，实际进行检查的值为参数所设定值的10倍。

1850	各轴栅格偏移量

[数据类型] 双字-轴型

[数据单位] 检测单位

[有效数据范围] -99999999～+99999999

设定值为各轴栅格偏移量。

为使参考点偏移，可以通过此参数进行，但是，栅格偏移量的最大值不能超出参考计数器容量。

> 注
>
> 为此参数设定后，继续操作前必须重新开启系统电源。

	#7	#6	#5	#4	#3	#2	#1	#0
3003			DEC					

[数据类型] 位型

DEC 手动参考点返回用减速信号（*DEC1～DEC4）

0：信号为 0 时减速。

1：信号为 1 时减速。

相关知识五 无挡块设定参考点的基本步骤

本功能是指在手动连续进给方式下，将机床移动至接近各轴的参考点位置。然后不需要减速信号，在参考点返回方式下设定参考点。当然，轴的移动是通过进给轴方向选择信号置为“1”而实现的。用此功能，机床可以不用安装返回参考点的限位开关。而且，可在机床的任意位置设定参考点。如果使用的是绝对位置检测器，断电后参考点将被保留。所以，下次上电时，不需要再次设定参考点。

1．使用手动连续进给方式，移动机床向要设定的参考点方向进给。使其停在参考点附近，但不要超过参考点位置。

2．进入手动返回参考点方式，将该轴的进给轴方向选择信号置为 1（正向或负向）。

3．CNC 以参数 No.1006 第 5 位（ZMIX）设定的返回参考点方向将机床定位到最近的栅格点（该栅格点取决于来自检测器的每转信号）。该栅格点则为参考点。

4．CNC 检测此时机床位置是否在在位区域内，如果条件满足，则输出参考位置返回结束信号和参考点确立信号为“1”。

基本步骤 2～4 的时序图 6-9 如下：

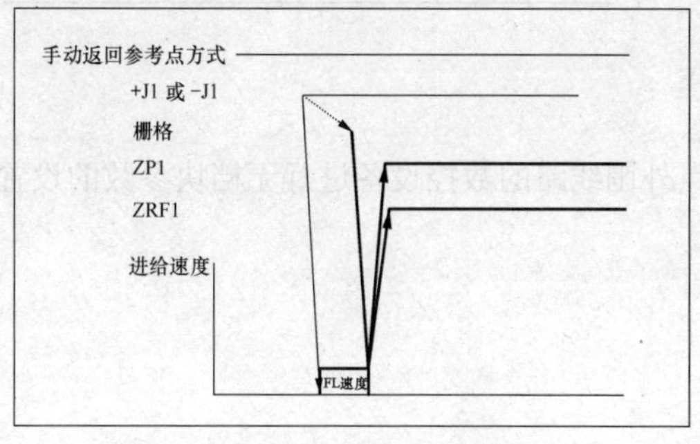

图 6-9 无挡块设定参考点的基本步骤

相关知识六 无挡块设定参考点的参数

1002	#7	#6	#5	#4	#3	#2	#1	#0
							DLZ	JAX

[数据类型] 位型

JAX JOG 进给时，手动快速进给和手动参考点返回时同时控制轴数

0：1 轴

1：3 轴

DLE 无挡块参考点设定功能（所有轴）

0：无效

1：有效

> 注
>
> NO.1002#1（DLZ）是对所有轴有效的公共参数。
>
> NO.1005#1（DLZ_X）可对各轴分别设定。

1005	#7	#6	#5	#4	#3	#2	#1	#0
							DLZ_X	ZRN_C

[数据类型] 位-轴型

ZRN_X 在（通电后）返回参考点操作执行以前，自动方式（含 MEM，RMT 或 MDI）指令了（G28 以外）移动指令：

0：产生报警（P/S 报警 224）

1：不产生报警

DLZ_X 无挡块参考点设定功能（各轴）

0：无效

1：有效

> 注
>
> NO.1002#1（DLZ）是对所有轴有效的公共参数。
>
> 参数 NO.1002#1 DLZ 为 0 时，DLE_X 有效。
>
> 参数 NO.1002#1 DLZ 为 1 时，DLE_X 无效，因为无挡块参考点设定功能对所有轴已经有效。

■ 拓展问题

通对已完成的回参考点外围线路的数控设备进行无档块参数的设置，并完成回参考点调试。

FANUC 手动功能调试

数控机床通过控制面板的手动功能，可完成进给运动。手动进给运动操作进给运动可分为连续进给和点动进给。进给操作包括进给方式的选择、进给量的设置、进给方向控制等。

☞ **项目学习目标**

1．手动操作功能安装连接。

2．手动操作相关参数设置与相关信号的诊断。

3．手动操作故障的排除。

☞ **项目课时分配**

6 学时

☞ **本任务工作流程**

1．导入新课。

2．检查讲评学生完成导读工作页情况。

3．对生产车间机床进行手动进给操作，观察手动进给的动作。

4．对机床手动进给外围连接。

5．对机床手动进给参数的讲解、实践。

6．巡回指导学生实习。

7．结合生产车间数控设备进行手动进给故障的检测与维修。

8．组织学生“拓展问题”讨论。

9．本任务学习测试。

10．测试结束后，组织学生填写活动评价表。

11．小结学生学习情况。

☞ **任务所需器材**

计算机、数控维修实训台 12 台、数控机床 6 台、电工工具、电工常用耗材、本任学习测试资料。

■ 课前导读（阅读教材查询资料在课前完成）

在操作数控机床时，经常利用手动功能移动机床坐标，实现工件的手动加工及建立工件坐标系，让我们回忆一下数控机床如何实现手动进给，并根据图 7-1、图 7-2 所示机床操作面板完成表 7-1、表 7-2 空白处的填写。

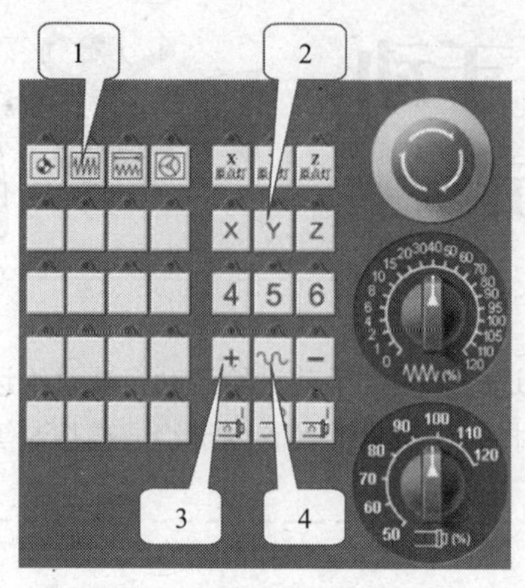

图 7-1　机床操作面板

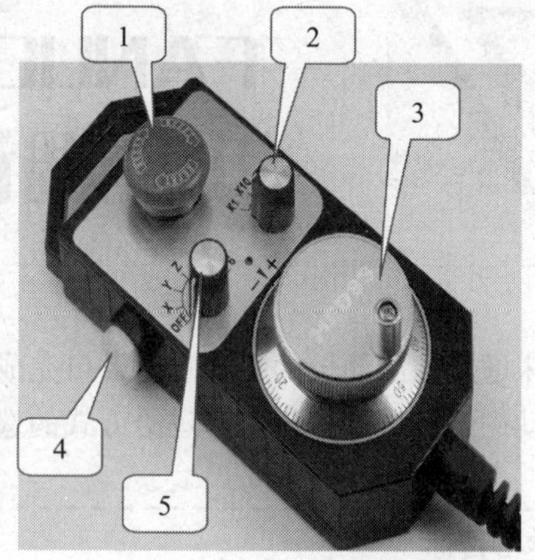

图 7-2　手持脉冲发生器

表 7–1　　机床操作面板

序号	名称	含义
1	手动方式	
2		所选择运动轴为 Y 轴
3	正向	
4	快速	

表 7–2　　手持脉冲发生器

序号	名称	含义
1		机床紧急停止
2	轴选择	
3	脉冲量选择	
4		按下按钮时发生器有效
5	发生器	

■ 情境描述

数控机床通过控制面板的手动功能和手轮功能，可完成进给运动及对刀，如图 7-3、图 7-4 所示中的手动功能如何实现？

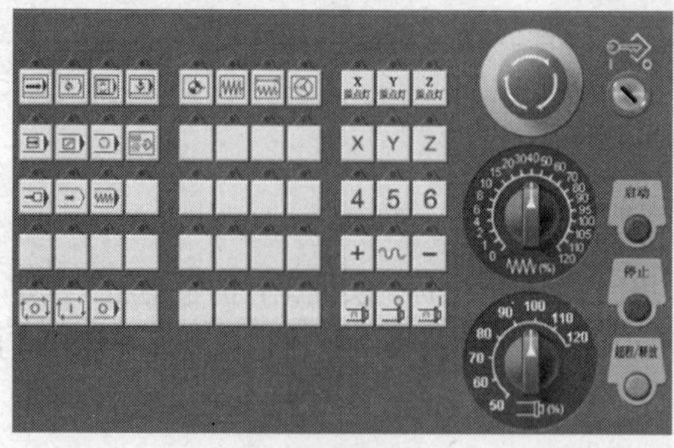

图 7-3　机床面板

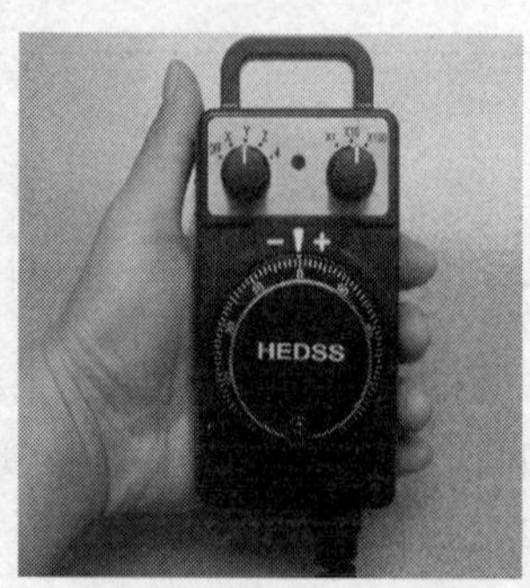

图 7-4　手持脉冲发生器

■ 任务实施

任务实施一 JOG 进给或增量进给信号

请完成表 7-3 中 JOG 进给或增量进给信号的填空。

表 7–3 JOG 进给或增量进给信号

选择	JOG 进给	增量进给
方式选择		
移动轴选择	+J1，-J1，+J2，-J2，+J3，-J3，…	
移动方向选择		
移动量选择		MP1，MP2
	*JVO-*JV15，RT，ROV1，ROV2	

讨论：JOG 进给与增量进给在加工过程中功能有何不同。

任务实施二 JOG 进给或增量进给信号地址

请完成图 7-5 中 JOG 进给或增量进给信号地址的填空。

	#7	#6	#5	#4	#3	#2	#1	#0
	*JV7	*JV6	*JV5	*JV4	*JV3	*JV2	*JV1	*JV0
G011	*JV15	*JV14	*JV13	*JV12	*JV11	*JV10	*JV9	*JV8
G019								
					+J4	+J3	+J2	+J1
G102								

图 7-5 JOG 进给或增量进给信号地址

实施：在 PMC 中对 JOG 进给或增量进给信号进行诊断。

任务实施三 手轮进给信号与数控系统的连接

在数控系统中，手轮信号的接线如图 7-6 所示，手轮如图 7-7 所示。

实施：请根据手轮信号接线图完成手轮与数控系统的连接。

任务实施四 手轮进给信号地址

请完成图 7-8 中 JOG 手轮进给信号地址的填空。

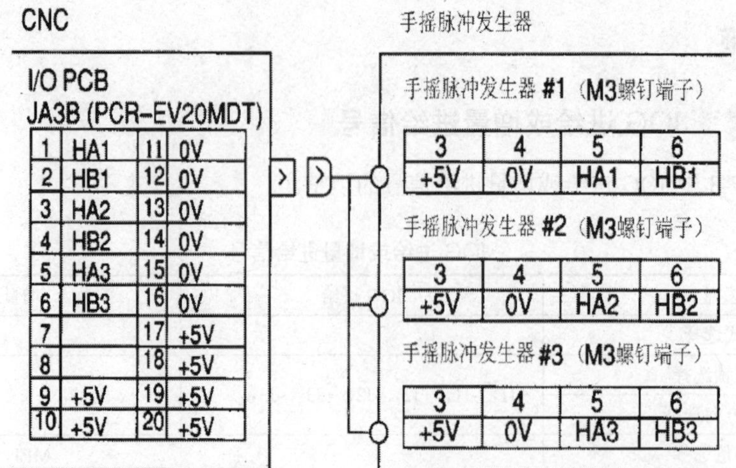

图 7-6　手轮信号的接线

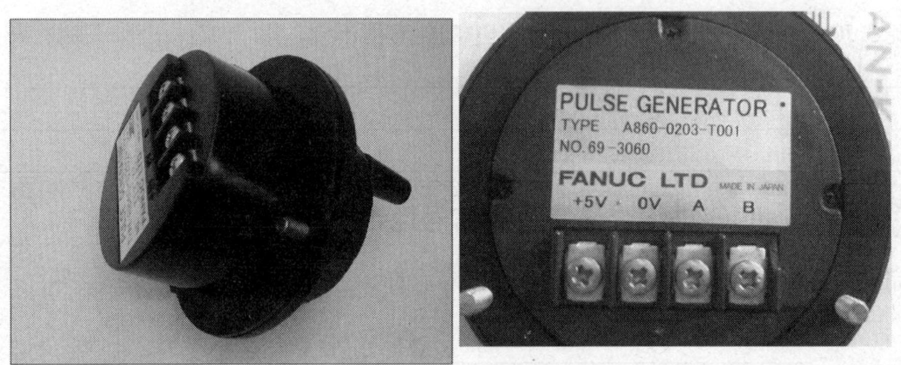

图 7-7　手轮脉冲发生器

	#7	#6	#5	#4	#3	#2	#1	#0
	HS2D	HS2C	HS2B	HS2A	HS1D	HS1C	HS1B	HS1A
G019			MP2	MP1				

图 7-8　手轮进给信号地址

讨论：在摇动手轮时速度为什么不能太快？

实施：在 PMC 中手轮进给信号进行诊断。

任务实施五　JOG 功能故障的排除

故障现象：数控机床有一台伺服电机故障，并对其进行更换，当安装完成以后进行测试，发现执行 JOG 进给进功能时进给方向错误（如图 7-9、图 7-10 所示）。数控机床故障修理报告书如表 7-6 所示。

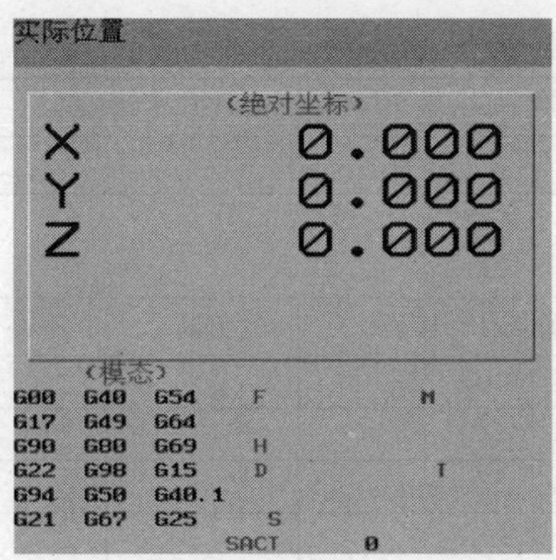

图 7-9 坐标进给方向为-X 方向

图 7-10 JOG 进给方向为+X 方向

表 7–4 数控机床故障修理报告书

班级：		组别：	姓名：	
故障现象				
故障原因分析				
故障修理过程	修理部位（要修什么？）	修理的内容（要修成什么样子？）	判断	备注
	<原因>			
<教师评语>				

任务实施六 手轮故障的排除

故障现象：数控机床在 JOG 方式能执行坐标轴进给，但摇动手轮机床坐标轴不能进给如图 7-11 所示。数控机床故障修理报告书如表 7-5 所示。

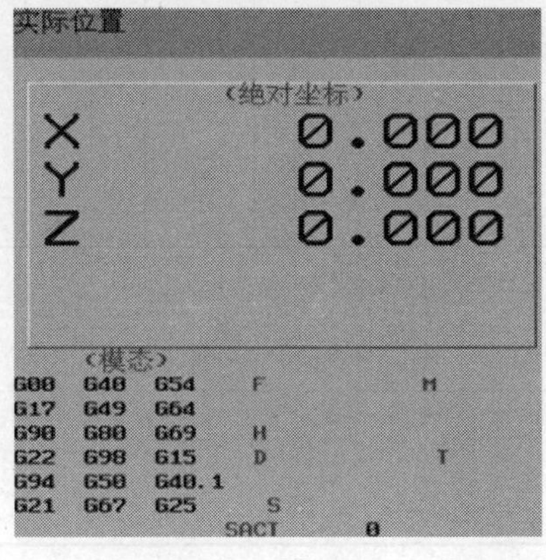

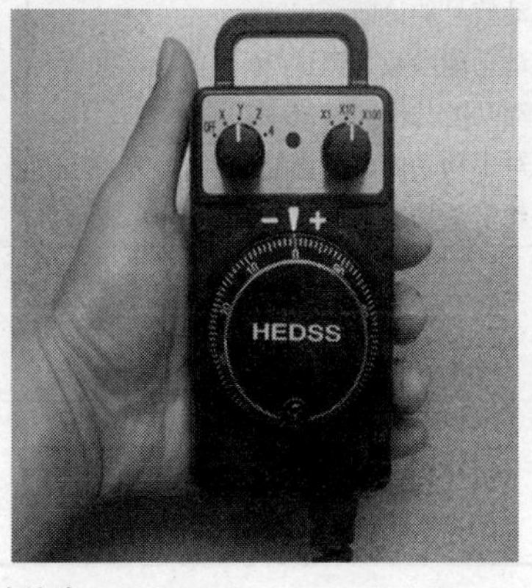

图 7-11 手轮故障

表 7–5　　　　数控机床故障修理报告书

班级：		组别：	姓名：	
故障现象				
故障原因分析				
故障修理过程	修理部位（要修什么？）	修理的内容（要修成什么样子？）	判断	备注
	<原因>			
<教师评语>				

■ 活动评价

表 7–6　　　　职业功能模块教学项目过程考核评价表

专业：数控系统连接与调试　　　班级：　　　学号：　　　姓名：

项目名称：

评价项目	评价标准	评价依据（信息、佐证）	评价方式		权重	得分小计	总分
			小组评分	个人评分			
			20%	80%			
职业素质	1．遵守管理规定、学习纪律、安全操作规程 2．按时完成学习及工作任务、工作积极主动、勤学好问	1．考勤 2．工作及学习态度			20%		
专业能力	1．课前导读完成情况（10 分） 2．手轮与数控系统的连接（15 分） 3．手动信号的诊断（15 分） 4．手动功能参数的调试(20 分) 5．手动功能故障的维修（20 分） 6．填写手动功能故障维修记录（10 分） 7．手轮中断功能调试（10 分）	1．项目完成情况 2．相关记录			80%		
个人评价	学员签名：　　　日期：						
教师评价	教师签名：　　　日期：						

■ 相关知识

相关知识一 JOG 进给/增量进给

1．JOG 进给

在 JOG 方式下机床操作面板上进给轴的方向选择信号置为“1”，机床将会使所选坐标轴沿着所选的方向连续移动。一般手动 JOG 进给在同一时刻仅允许一个轴移动，但通过设定参数 JAX（No.1002#0）也可选择 3 个轴同时移动。

2．增量进给

在增量进给方式下，将机床操作面板上进给轴的方向选择信号置为“1”，机床将会使所选坐标轴沿着所选方向移动一步，机床移动最小距离为最小输入增量。每一步可以是最小输入增量的 10、100 或 1000 的倍数。JOG 进给速度由参数 No.1423 来定义。使用 JOG 进给速度倍率开关可调整 JOG 进给速度。快速进给被选择后，机床以快速进给速度移动，此时与 JOG 进给速度倍率开关信号无关。

相关知识二 JOG 进给/增量进给信号

1．JOG 进给或增量进给的执行方式（见表 7-7）。

表 7-7 JOG 进给或增量进给的执行方式

选择	JOG 进给	增量进给
方式选择	MD1，MD2，MD4，MJ	MD1，MD2，MD4，MINC
移动轴选择	+J1，-J1，+J2，-J2，+J3，-J3，…	
移动方向选择		
移动量选择		MP1，MP2
进给速度选择	*JV0-*JV15，RT，ROV1，ROV2	

注：JOG 进给和增量进给的唯一不同是选择的进给轴移动的距离不同。JOG 进给中，当+J1，-J1，+J2，-J2，+J3，-J3 等进给轴的方向选择信号为“1”时，机床坐标轴连续进给。但增量进给下，机床坐标轴以步进运动进给。每步距离的大小通过手轮进给移动距离选择信号 MP1、MP2 来进行选择。

2．进给轴的方向选择

+J1－+J4<G100>

- J1－- J4<G102>

[类别] 输入信号

[功能] 在 JOG 进给或增量进给方式下选择所需的进给轴和方向。信号名中的信号（+或-）指明进给方向。J 后所跟数字表明控制轴号。

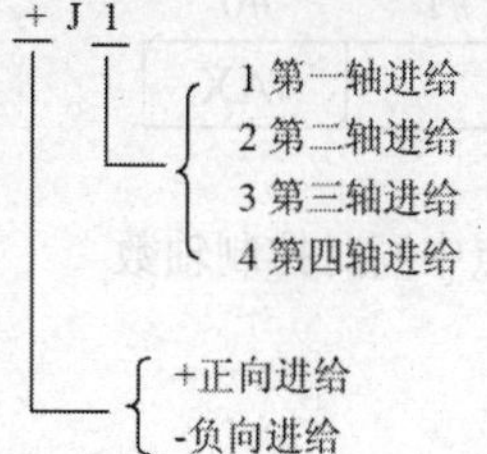

［动作］信号为 1 时，控制单元动作如下。

JOG 进给或增量进给有效时，控制单元在指定的方向上使定轴移动。

JOG 进给中，信号为“1”时，控制单元使控制轴连续移动。

增量进给中，控制单元使指定轴按比率选择信号 MP1，MP2 定义的步距进给，然后控制单元停止移动。轴进给时，即使该信号为 0，控制单元也不会停止进给。为再次移动轴，将信号置为“0”后再置为“1”。

3．手动进给速度倍率信号

*JV0-*JV15<G010~G011>

［类别］输入信号

［功能］选择 JOG 进给或增量进给方式的速率。这些信号是 16 位的二进制编码信号表 7-8 是一些例子，供参考。

表 7–8　　JOG 进给或增量进给方式的速率

*JV0—*JV15				倍率值（%）
12	8	4	0	
1 1 1 1	1 1 1 1	1 1 1 1	1 1 1 1	0
1 1 1 1	1 1 1 1	1 1 1 1	1 1 1 0	0.01
1 1 1 1	1 1 1 1	1 1 1 1	0 1 0 1	0.10
1 1 1 1	1 1 1 1	1 0 0 1	1 0 1 1	1.00
1 1 1 1	1 1 0 0	0 0 0 1	0 1 1 1	10.00
1 1 0 1	1 0 0 0	1 1 1 0	1 1 1 1	100.00
0 1 1 0	0 0 1 1	1 0 1 1	1 1 1 1	400.00
0 0 0 0	0 0 0 0	0 0 0 0	0 0 0 1	655.34
0 0 0 0	0 0 0 0	0 0 0 0	0 0 0 0	0

4．手动快速进给选择信号

RT<G019#7>

［类别］输入信号

［功能］在 JOG 进给或增量进给方式下选择快速进给速度。

［作用］信号变为“1”时，控制单元的运行状态如下：

控制单元以快速进给速度执行 JOG 进给或增量进给。快速进给倍率有效。

JOG 进给或增量进给期间，信号由“1”到“0”或由“0”到“1”时，进给速度将减速到 0，然后增加到给定值。在加减速期间，进给轴的方向选择信号要保持为“1”。

相关知识三　手动功能参数

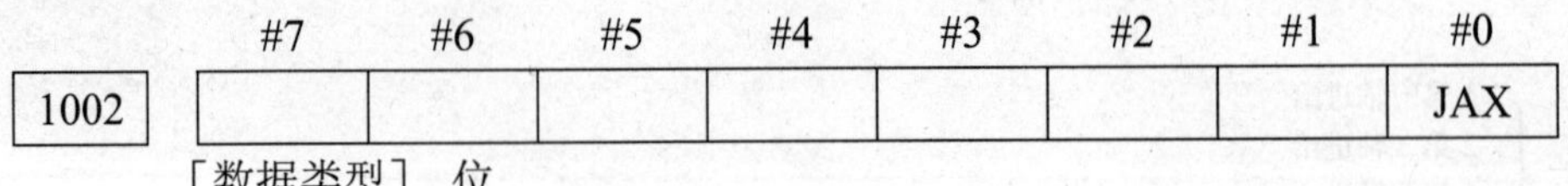

［数据类型］ 位

JAX　JOG 进给、手动快速进给和手机返回参考点中同时控制轴数

0：J 轴

1：3 轴

	#7	#6	#5	#4	#3	#2	#1	#0
1401								RPD

［数据类型］ 位

RPD　从系统上电至参考点返回之前手动快速进给

0：无效（执行 JOG 进给）

1：有效

	#7	#6	#5	#4	#3	#2	#1	#0
1402				JRV				

［数据类型］ 位

JRV　手动连续进给（JOG）为

0：每分进给。

1：每转进给。

1423	各轴手动连续进给（JOG）速度

［数据类型］ 位

注：（1）M 系列或 T 系列中。当参数 No.1402 的第 4 位 JRV 设定为 0（每分进给）时，每分进给定义为倍率为 100%时的 JOG 速度。

（2）参数 No.1402 的第 4 位 JRV，设定为 1（每转进给）时，每分进给定义为倍率为 100%时的 JOG 每转进给速度。

1424	各轴手动快速进给速度

［数据类型］ 双字轴型

［数据单位］

［有效数据范围］

增量系统	数据单位	有效数据范围	
		IS-A、IS-B	IS-C
公制机床	1mm/min	30-240000	30-100000
英制机床	0.1inch/min	30-96000	30-48000
旋转轴	1deg/min	30-240000	30-100000

设定各轴倍率为 100%的手动快速进给速度。

> 注
>
> 如果设定为 1，进给速度默认为参数 1420 中的设定值。

	#7	#6	#5	#4	#3	#2	#1	#0
1610				JGL_X				

［数据类型］ 位轴型

JGL_X　在手动连续进给（JOG 进给）中加减速

0：使用指数加减速。

1：与切削进给的加减速控制相同（取决于切削进给的加减速，即：插补后直线加减速还是铃形加减速）。

1624	JOG 进给时，各轴的指数加减速或铃型加减速的时间常数，以及插补后直线加减速的时间常数。

［数据类型］ 字轴型
［数据单位］ 1msec
［有效数据范围］ 0～4000（指数加/减速使用时）

1625	JOG 进给时，各轴在指数加减速时的 FL 速度

［数据类型］ 字轴型

相关知识四 手动功能参数

1．手轮进给

手轮进给方式下，在待移动的坐标轴通过手轮进给轴选择信号选定后，旋转手摇脉冲发生器，可以使机床进行微量移动。手摇脉冲发生器旋转一个刻度（一格），机床产生的移动量等于最小输入增量，另外，每旋转一个刻度，机床的移动也可以选择最小输入增量的 10 倍或其他倍数的移动量（由参数（No.7113 和 No.7114）所定义的倍数）。

2．手轮进给信号（如表 7-9 所示）

手轮进给轴选择信号

HS1A-HS1D

<G018#0-#3>

HS2A-HS2D

<G018#4-#7>

［类别］输入信号

［功能］这些信号选择手轮进给作用于哪一坐标轴。每一个手摇脉冲发生器（最多 3 台）与一组信号相对应，每组信号包括 4 个，分别是 A、B、C、D，信号名表明所用的手摇脉冲发生器的编号。

表 7–9 手轮进给轴

手摇进给轴选择				进给轴
HSnD	HSnC	HSnB	HSnA	
0	0	0	0	不选择（无轴进给）
0	0	0	1	第 1 轴
0	0	1	0	第 2 轴
0	0	1	1	第 3 轴
0	1	0	0	第 4 轴

3．手轮进给倍率选择信号（如表 7-10 所示）

MP1，MP2

<G019#4,5>

［类别］输入信号

[功能]该信号选择手轮进给或手轮进给中断期间，手摇脉冲发生器所产生的每个脉冲的移动距离。也可选择增量进给的每步的移动距离。

表 7-10　　手轮进给倍率选择信号

手轮进给倍率距离选择信号		移动距离		
MP2	MP1	手轮进给	手轮中断	增量进给
0	0	最小输入增量×1	最小指令增量×1	最小输入增量×1
0	1	最小输入增量×10	最小指令增量×10	最小输入增量×10
1	0	最小输入增量×m*1	最小指令增量×m*1	最小输入增量×100
1	1	最小输入增量×n*1	最小指令增量×n*1	最小输入增量×1000

*1 比例系数 m、n 由参数 No.7113 和 7114 设定。

相关知识五　手轮功能参数

	#7	#6	#5	#4	#3	#2	#1	#0
8131								HPG

注
设定此参数后，继续操作前应关断电源，再开机。

[数据类型]　位

HPG　定义是否使用手轮进给：

0：不使用。

1：使用。

	#7	#6	#5	#4	#3	#2	#1	#0
7100				HPF			THD	JHD

[数据类型]　位

JHD　JOG 方式中手轮进给或手轮方式时增量进给

0：无效

1：有效

THD　JOG 示教（TEACHIN JOG）方式中手轮进给

0：无效

1：有效

HPF　手轮进给速度超过快速进给速度时，

0：进给速度箝制在快速进给速度，超过的手轮脉冲被忽略（机床移动距离与手轮刻度不一致）。

1：进给速度箝制在快速进给速度，超过的手轮脉冲中不被忽略，存储于 CNC 中（如果手轮旋转停止，机床仍在移动，直到 CNC 的存储值为 0 时，运动停止）。

	#7	#6	#5	#4	#3	#2	#1	#0
7102								HNG_X

［数据类型］ 位轴型

HNG_X 手轮旋转方向与轴移动方向

0：方向一致

1：方向相反

7110	使用的手轮数量

［数据类型］ 字节

［有效数据范围］ 1，2 或 3

该参数设定手轮数量，数据范围如下：

1，2（T 系列）

1，2，3（M 系列）

7113	手轮进给倍率 m

［数据类型］ 字

［数据单位］ 1 倍

［有效数据范围］ 1～127

手轮进给移动选择信号 MP2 在 ON 位置时，该参数有效。

7114	手轮进给倍率 n

［数据类型］ 字

［数据单位］ 1 倍

［有效数据范围］ 1～1000

手轮进给移动选择信号 MP1 和 MP2 为 1 时，该参数有效。

7117	手轮进给期间允许的脉冲累加值

［数据类型］ 双字

［数据单位］ 脉冲

［有效数据范围］ 0～99999999

如果手轮进给的速度超过快速进给速度时，手轮产生的超过快速进给速度的脉冲不被忽略而是被累加起来。该参数可设定在此情况下最大脉冲累计值。

■ 拓展问题

在数控系统中的手动操作中有手轮中断功能，请查阅相关资料和说明书，对数控机床手轮中断功能进行调试。

FANUC 自动运行功能调试

在 CNC 机床按程序运行称之为自动运行，要实现数控机床对零件的自动加工，必须利用数控机床的自动运行方式。分别应用循环起动和进给保持功能。此外还可以对机床实现程序测试（机床锁、空运行、单段运行）。

☞ **项目学习目标**

1. 自动运行功能外部线路的连接。
2. 自动运行功能相关信号、参数的修改。
3. 自动运行功能故障的诊断与维修。

☞ **项目课时分配**

6 学时

☞ **本任务工作流程**

1. 导入新课。
2. 检查讲评学生完成导读工作页情况。
3. 自动运行功能外部线路的连接。
4. 自动运行功能相关信号诊断。
5. 自动运行功能参数的修改。
6. 巡回指导学生实习。
7. 自动运行功能故障的诊断与维修。
8. 组织学生“拓展问题”讨论。
9. 本任务学习测试。
10. 测试结束后，组织学生填写活动评价表。
11. 小结学生学习情况。

☞ **任务所需器材**

计算机、数控维修实训台 12 台、数控机床 6 台、电工工具、电工常用耗材、本任学习测试资料。

■ 课前导读（阅读教材查询资料在课前完成）

1. 根据如图 8-1 所示的自动功能操作面板，请完成表 8-1 的填空。

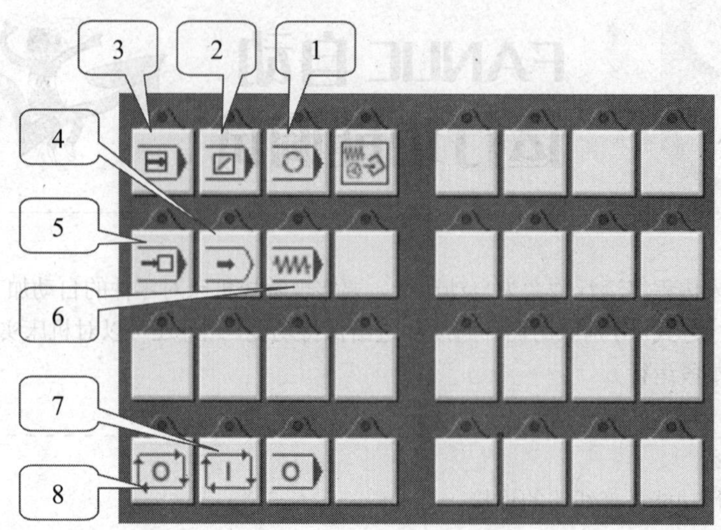

图 8-1　机床自动运行功能操作面板

表 8–1　　机床自动运行功能

序号	名称	含义
(1)		在自动加工过程中可以实现当执行 M01 指令时暂停
(2)	程序段跳过	
(3)	单步	
(4)		可实现对机床坐标轴运行的锁紧
(5)	程序重启	
(6)	空运行	
(7)	自动运行	
(8)		在自动加工中可以实现坐标轴暂停进给

2．FANUC 0i B/C 系统可以使用 RS-232-C 接口进行程序的传输与自动加工，根据计算机设置的参数（见图 8-2），请补充数控系统参数（见表 8-2）及电缆管脚（见图 8-3）的连接。

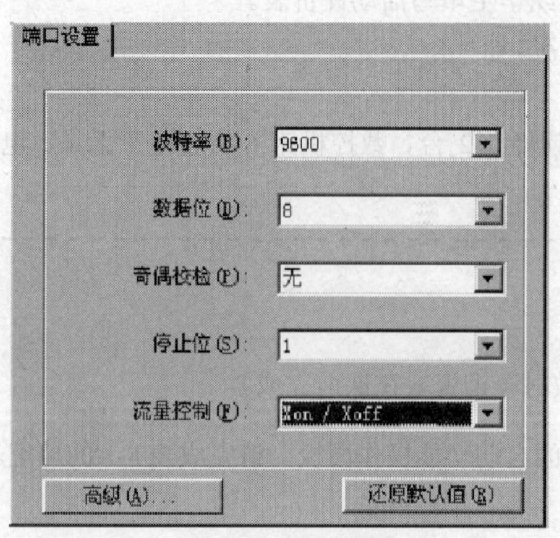

图 8-2　计算机侧参数

表 8-2　　　　RS232 传输参数

	0i B/C 系列	
ISO 代码	0000#1	1
I/O 通道设定	0020#0	
TV 检查与否	0100#1	1
EOB 输出格式	0100#2	1
EOB 输出格式	0100#3	0
停止位位数	0101#0	1
数据输出时 ASCII 码	0101#3	1
FEED 不输出	0101#7	1
使用 DC1～DC4	0102	0
波特率 9600	0103	

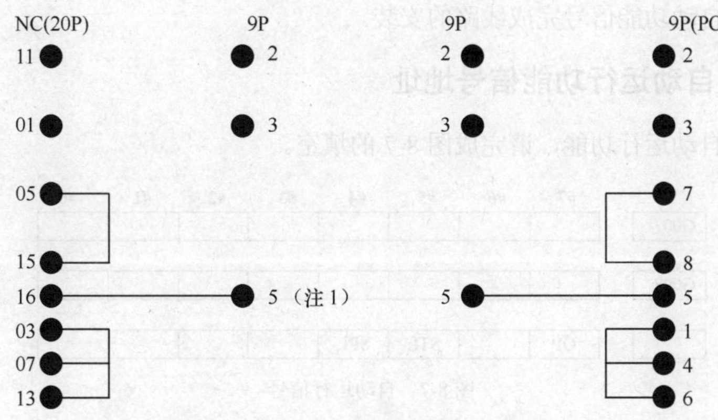

注 1：如果使用 25 芯插头将 9 芯的 5 脚改成 25 芯的 7 脚。

图 8-3　电缆管脚接线

■ 情境描述

如图 8-4 所示，自动运行程序预先存在存储器中，选定了一个程序并按了机床操作面板上的循环起动按钮时，开始自动运行，而且循环起动灯（LED）点亮。在自动运行期间当按了机床操作面板上的进给暂停时，自动运行停止。再按一次循环启动按钮时，自动运行恢复。数控系统是如何实现的呢？

图 8-4　循环启动与给暂停

■ 任务实施

任务实施一　自动运行功能外部信号连接

自动功能信号如表 8-3 所示，接线图如图 8-5、图 8-6 所示。

表 8-3　　　　　　　　　　　　　　自动功能信号

名称	输入 X	输出 Y	PMC-NC 信号 G	NC-PMC 信号 F	信号定义	备注
循环启动	X5.7	Y2.0	G7.2		ST	
进给暂停	X6.0	Y2.1	G8.5		*SP	

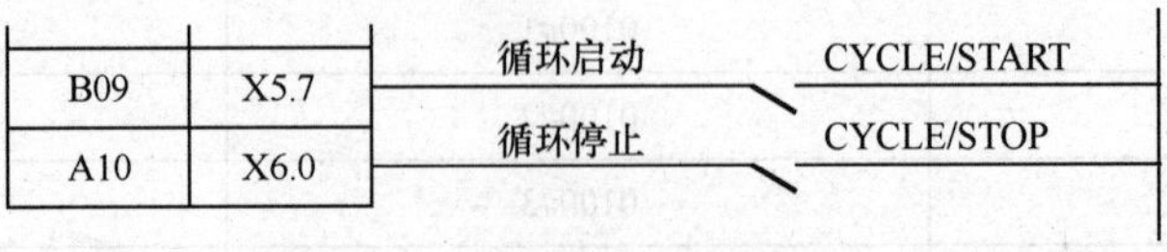

B09
X5.7
A10
X6.0
循环启动
循环停止
CYCLE/START
CYCLE/STOP

图 8-5　自动运行功能外部输入信号

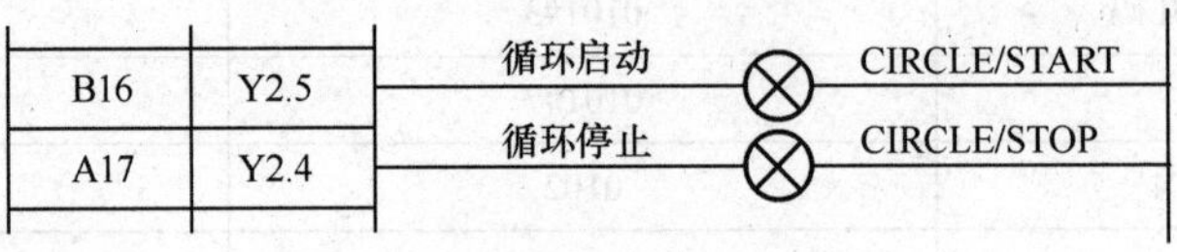

B16
Y2.5
A17
Y2.4
循环启动
循环停止
CIRCLE/START
CIRCLE/STOP

图 8-6　自动运行功能外部输出信号

实施：请根据自动功能信号完成线路的安装。

任务实施二　自动运行功能信号地址

根据数控机床自动运行功能，请完成图 8-7 的填空。

	#7	#6	#5	#4	#3	#2	#1	#0
G007								
G008								
	OP		STL	SPL				

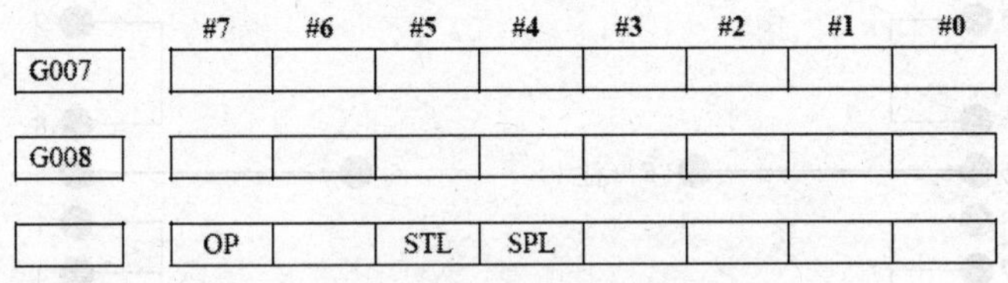

图 8-7　自动运行信号

讨论：在数控系统执行自动运行功能时在何种工作方式。

任务实施三　自动运行功能执行过程

根据数控系统的自动运行功能，请完成自动运行执行过程图（见图 8-8 所示）的补充。

MEM、RMT或者MDI方式
信号ST "1"
"0"
信号*SP "1"
"0"
自动运行

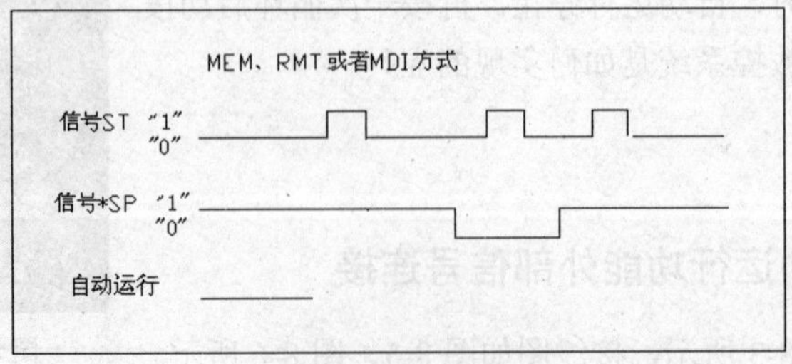

图 8-8　自动运行执行过程图

任务实施四 自动运行功能 PMC 程序

数控系统自动运行功能 PMC 梯形图如图 8-9 所示。

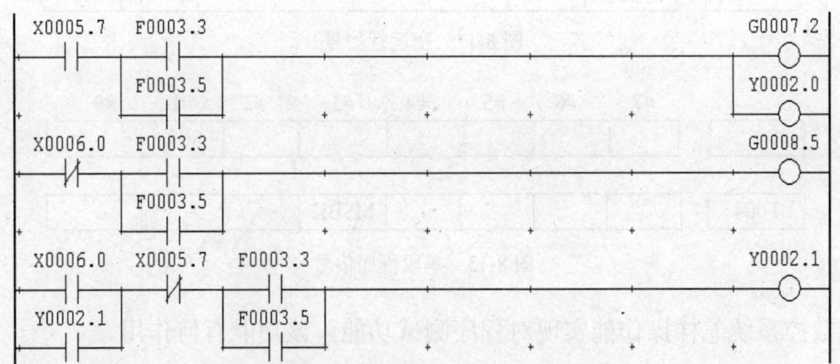

图 8-9 自动运行功能 PMC 梯形图

实施：请根据 PMC 梯形图完成对自动运行功能的诊断。

任务实施五 复位及倒回功能信号

根据数控机床复位及倒回功能，请完成图 8-10 的填空。

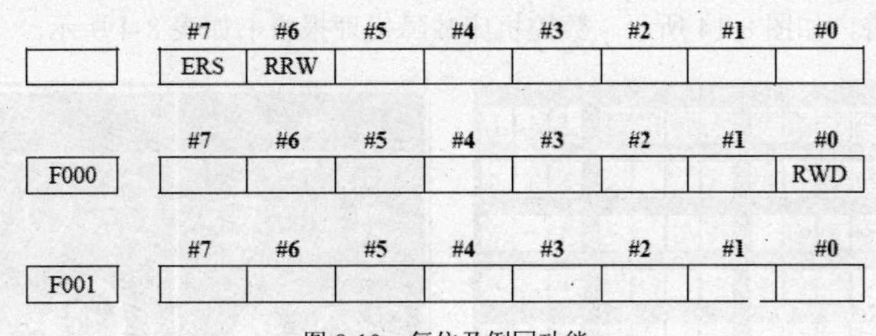

图 8-10 复位及倒回功能

讨论：在数控系统怎样操作能实现对程序的复位及倒回功能。

____

____

实施：请完成对复位及倒回功能信号的诊断。

任务实施六 程序测试信号

根据数控机床程序测试功能，请完成表 8-11、表 8-12、表 8-13 的填空。

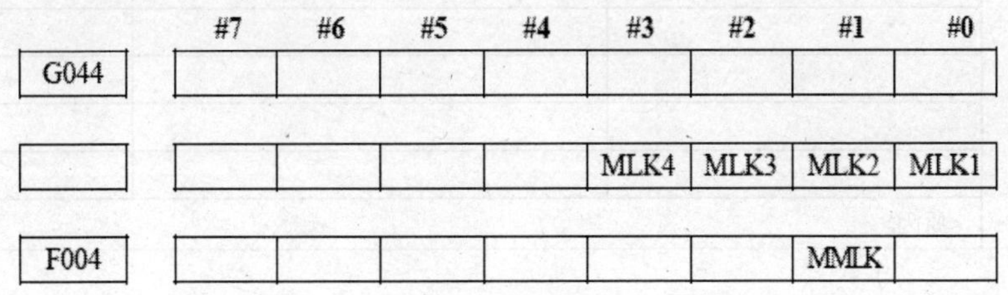

图 8-11 机床锁信号

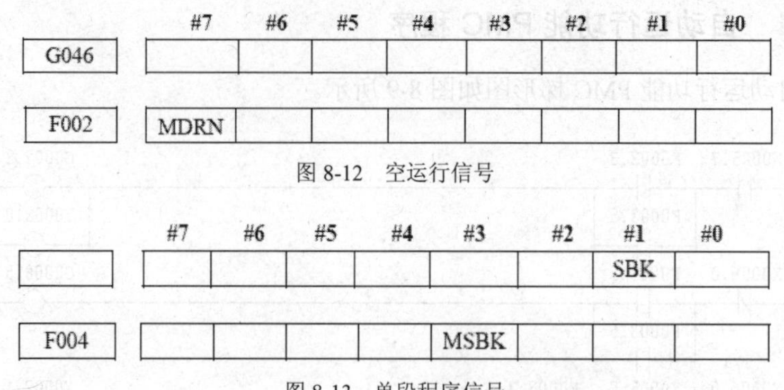

图 8-12　空运行信号

图 8-13　单段程序信号

讨论：在数控系统怎样操作能实现对程序测试功能，该功能有何作用。

实施：请完成对程序测试功能信号的诊断。

任务实施七　自动运行功能故障的排除

故障现象：当按下系统面板的自动运行按键是可以执行，但按下外接自动运行按钮时机床不执行也不产生报警，如图 8-14 所示。数控机床故障修理报告书如表 8-4 所示。

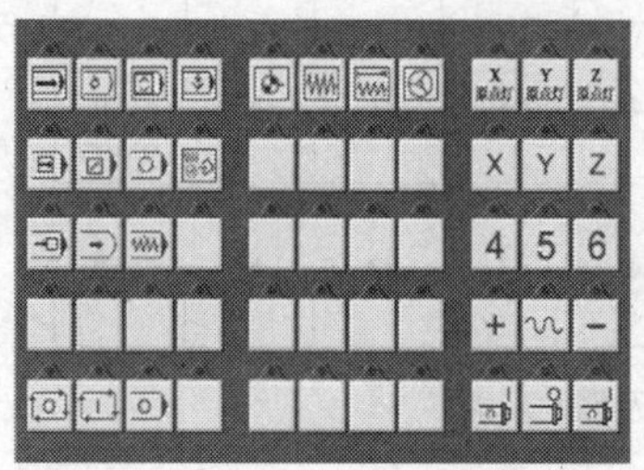

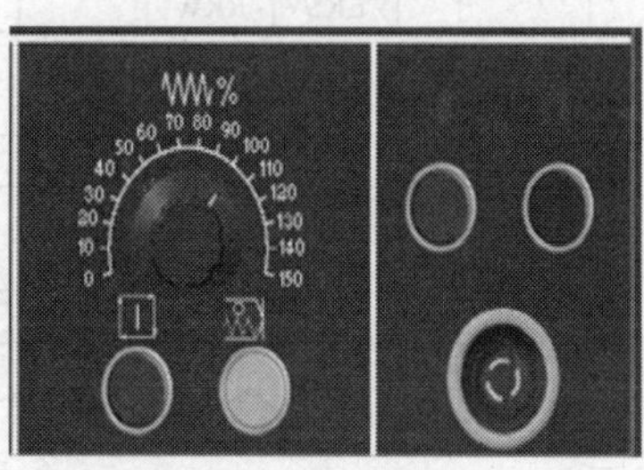

图 8-14　自动运行功能故障

表 8-4　　数控机床故障修理报告书

班级：		组别：	姓名：	
故障现象				
故障原因分析				
故障修理过程	修理部位（要修什么？）	修理的内容（要修成什么样子？）	判断	备注
	<原因>			
<教师评语>				

■ 活动评价

表 8–5　　　　　　　　　　职业功能模块教学项目过程考核评价表

专业：数控系统连接与调试　　　　　　　　　　班级：　　　　　　　　　学号：　　　　　　姓名：

项目名称:

评价项目	评价标准	评价依据（信息、佐证）	评价方式		权重	得分小计	总分
			小组评分	个人评分			
			20%	80%			
职业素质	1．遵守管理规定、学习纪律、安全操作规程 2．按时完成学习及工作任务、工作积极主动、勤学好问	1．考勤 2．工作及学习态度			20%		
专业能力	1．课前导读完成情况（10 分） 2．自动运行功能外部信号连接（10 分） 3．自动运行功能外部信号的诊断（15 分） 4．程序测试功能信号的诊断（15 分） 5．自动运行功能故障的维修（30 分） 6．填写自动运行功能故障故障维修记录（10 分） 7．利用 CF 卡对程序进行输入（10 分）	1．项目完成情况 2．相关记录			80%		
个人评价	学员签名：　　　日期：						
教师评价	教师签名：　　　日期：						

■ 相关知识

相关知识一　循环启动/进给暂停

1．启动自动运行（循环启动）

在存储器方式（MEM）、DNC 运行方式（RMT）或手动数据输入方式（MDI）下，若自动运行启动信号 ST 从 1 变为 0（下降沿），则 CNC 进入自动运行状态并开始运行。在下列情况下，该信号被忽略：

当系统处于 MEM、RMT 和 MDI 以外的方式时

当进给暂停信号（*SP）为 0 时

当急停信号（*ESP）为 0 时

当外部复位信号（ERS）为 1 时

当复位和倒回信号（RRW）为 1 时

当 MDI 上的<RESET>键被按下时

当 CNC 处于报警状态时
当 CNC 处于 NOT READY 状态时
当自动运行正在执行中
当程序再启动信号（SRN）为 1 时
当 CNC 正在搜索顺序号时

2．自动运行中断（进给暂停）

自动运行期间进给暂停信号*SP 为 0 时，CNC 进入暂停状态并且停止运行。同时，循环启动灯信号 STL 被置为 0 且进给暂停信号 SPL 被置为 1。将*SP 信号再置为 1 也不会重新启动自动运行。为重新启动自动运行，必须首先将*SP 信号置 1，然后设置一个 ST 信号从 1 到 0 的下降沿。

相关知识二 自动运行相关信号

1．循环启动信号

ST<G007#2>
[类别] 输入信号。
[功能] 启动自动运行。
[动作] 在存储器方式（MEM）、DNC 运行方式（RMT）或手动数据输入方式（MDI）中，信号 ST 置为 1，然后置为 0 时，CNC 进入循环启动状态并开始运行。

2．进给暂停信号

*SP<G008#5>
[类别] 输入信号。
[功能] 暂停自动运行。
[动作] 自动运行期间，若*SP 信号置为 0，CNC 将进入进给暂停状态且运行停止。*SP 信号置为 0 时，不能启动自动运行。

3．自动运行灯信号

OP<F000#7>
[类别] 输出信号。
[功能] 通知 PMC 正在执行自动运行。
[输出条件] 该信号的状态为 1 还是为 0，取决于 CNC 的状态。

4．循环启动灯信号

STL<F000#5>
[类别] 输出信号。
[功能] 通知 PMC 已经启动了自动运行。
[输出条件] 该信号的状态为 1 还是为 0，取决于 CNC 的状态。

5．进给暂停灯信号

SPL<F000#4>
[类别] 输出信号。
[功能] 通知 PMC 已经进入进给暂停状态。
[输出条件] 该信号的状态为 1 还是为 0，取决于 CNC 的状态。

6．自动运行相关信号状态如表 8-6 所示

表 8–6　　　　　　　　　　　自动运行信号状态

信号名 / 运行状态	循环启动灯 STL	进给暂停灯 SPL	自动运行灯 OP
循环启动状态	1	0	1
进给暂停状态	0	1	1
自动运行停止状态	0	0	1
复位状态	0	0	0

7．报警及诊断信息

自动运行期间，有时 CNC 可能会在没有检测到报警时停止运动。这时，CNC 有可能处于执行处理过程或等待某个事件的发生。CNC 的状态可以通过使用 CNC 自动诊断功能来获取（诊断号 000～015）。自动运行停止状态或进给暂停状态的详细信息也可显示出来（诊断号 020～025）。

相关知识三　复位和倒回信号

CNC 被复位时，复位信号（RST）输出至 PMC。在以上条件解除后，经过由参数 No.3017 所设定的复位信号输出时间后，复位信号（RST）变为 0。

1．外部复位信号

ERS<G008#7>

[类别] 输入信号

[功能] 复位 CNC

[动作] 将复位信号 ERS 置为 1，CNC 复位并且进入复位状态。CNC 复位时，复位信号 RST 变为 1。

2．复位和倒回信号

RRW<G008#6>

[类别] 输入信号

[功能] CNC 被复位且自动运行的程序被倒回

[动作] 急停信号（*ESP）置为 0；外部复位信号（ERS）置为 1；复位和倒回信号（RRW）置为 1；按下 MDI 上的<RESET>键。

相关知识四　程序测试信号

1．机床锁住

可以在不移动机床的情况下监测位置显示的变化。所有轴机床锁住信号 MLK 或各轴机床锁住信号 MLK1～MLK4 置为 1 时，在手动运行或自动运行中，停止向伺服电机输出脉冲（移动指令），但依然在进行指令分配，绝对坐标和相对坐标也得到更新，所以操作者可以通过观察位置的变化来检查指令编制是否正确。

（1）所有轴机床锁住信号

MLK<G044#1>

[类别] 输入信号

[功能] 将所有控制轴置于机床锁住状态

[动作] 在手动运行或自动运行时，若该信号置 1，则不向所有控制轴的伺服电机输出脉冲（移动指令），机床工作台不移动。

（2）各轴机床锁住信号

MLK1～MLK4<G108>

[类别] 输入信号

[功能] 将相应的轴置于机床锁住状态。该信号用于各控制轴，信号后的数字与各控制轴号相对应

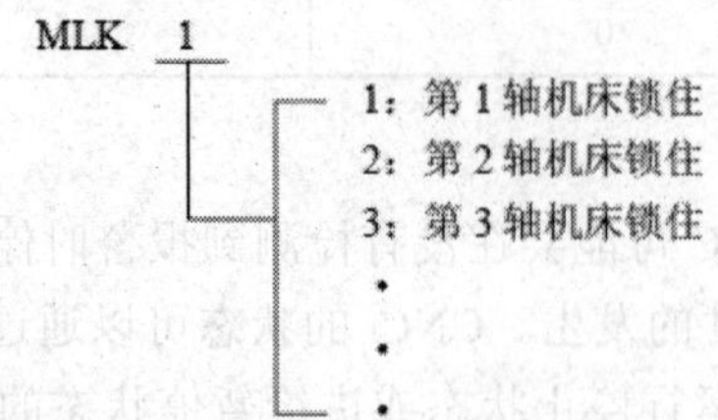

[动作] 在手动运行或自动运行时，若该信号置 1，则不向各相应控制轴（1 到 4 轴）的伺服电机输出脉冲（移动指令），相应轴不移动。

（3）所有轴机床锁住检测信号

MMLK<F004#1>

[类别] 输出信号

[功能] 通知 PMC 所有轴机床锁住信号的状态

[输出条件] 在下列情况下信号置为 1：所有轴机床锁住信号设定为 1 时。在下列情况下信号置为 0：所有轴机床锁住信号设定为 0 时。

2．空运行

空运行仅对自动运行有效。机床以恒定进给速度（*1）运动而不执行程序中所指定的进给速度。该功能可用来在机床不装工件的情况下检查机床的运动。

（1）空运行信号

DRN<G046#7>

[类别] 输入信号

[功能] 使空运行有效

[动作] 该信号置为 1 时，机床以设定的空运行进给速度移动。该信号为 0 时，机床正常移动。

（2）空运行检测信号

MDRN<F002#7>

[类别] 输出信号

[功能] 通知 PMC 空运行信号的状态

[动作] 动作与 DRN 信号相对应。

（3）空运行参数

	#7	#6	#5	#4	#3	#2	#1	#0
1401		RDR	TDR					

［数据类型］ 位型

TDR 螺纹切削或攻丝期间的空运行（攻丝循环 G74 或 G84：刚性攻丝）

0：有效

1：无效

RDR 快速进给指令时的空运行

0：无效

1：有效

1410	空运行速度

［数据类型］ 字型

［数据单位］

［有效数据范围］

增量系统	数据单位	有效数据范围	
		IS-B	IS-C
公制机床	1mm/min	6-15000	6-12000
英制机床	0.1inch/min	6-6000	6-4800

设定手动进给速度倍率为 100%时的空运行速度。

3．单程序段运行

单程序段运行仅对自动运行有效，自动运行期间当单程序段信号（SBK）置为 1 时，在执行完当前程序段后，CNC 进入自动运行停止状态。在顺序自动运行中，执行完程序中的每个程序段后，CNC 进入自动运行停止状态。当单程序段信号（SBK）置为 0 时，重新执行自动运行。

（1）单程序段信号

SBK<G046#1>

[类别] 输入信号

[功能] 使单程序段运行有效

[动作] 该信号为 1 时，执行单程序段操作；为 0 时，执行正常操作。

（2）单程序段检测信号

MSBK<F004#3>

[类别] 输出信号

[功能] 通知 PMC 单程序段信号的状态

[输出条件] 动作与 PMC 信号相对应。

（3）单程序段参数

	#7	#6	#5	#4	#3	#2	#1	#0
6000	SBV		SBM					

［数据类型］ 位型

SBM 执行用户宏程序语句时，

0：单程序段运行不停止。

1：单程序段运行停止。

■ 拓展问题

给数控机床输入程序方式有操作面板输入，DNC 运行方式下输入，还可以用 CF 卡进行输入，想一想如何利用 CF 卡对程序进行输入？

FANUC 冷却功能调试

在辅助功能代码为 M 及其后的数值，CNC 处理时向机床送出代码信号和一个选通信号，这些信号用于接通/断开机床的强电功能。通常，一个程序段中只有一个 M 代码有效，M 代码和功能之间的对应关系由机床制造商决定。

☞ **项目学习目标**

1．机床辅助功能控制过程。

2．掌握辅助功能的相关信号及参数。

3．辅助功能信号的诊断与故障的排除。

☞ **项目课时分配**

12 学时

☞ **本任务工作流程**

1．导入新课。

2．检查讲评学生完成导读工作页情况。

3．对照辅助功能线路图，完成安装连接。

4．组织学生辅助功能信号和参数学习实践。

5．对辅助功能信号进行监控和诊断。

6．巡回指导学生实习。

7．结合机床辅助功能故障进行诊断维修。

8．组织学生“拓展问题”讨论。

9．本任务学习测试。

10．测试结束后，组织学生填写活动评价表。

11．小结学生学习情况。

☞ **任务所需器材**

计算机、数控维修实训台 12 台、数控机床 6 台、电工工具、电工常用耗材、本任学习测试资料。

■ 课前导读（阅读教材查询资料在课前完成）

灯泡 HL1 由一控制器控制，如图 9-1 所示，1、2 正常通电后，当 SB1 按下时，灯泡亮并且保持，即使松开 SB1，灯泡也继续亮；若按下 SB2，灯泡熄灭，松开 SB2，灯还是灭。再按下 SB1，灯又亮并且保持。

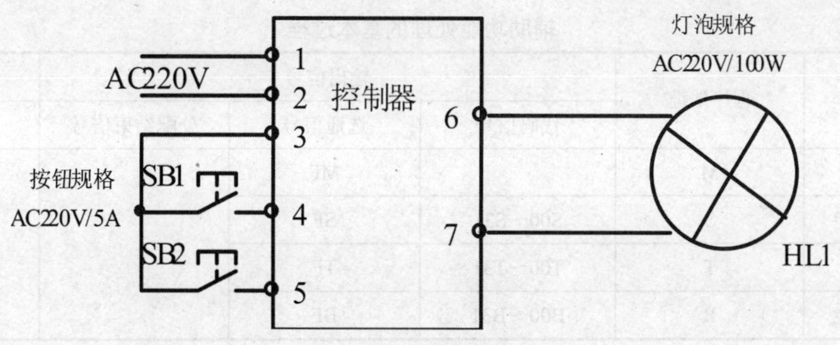

图 9-1 控制器工作过程

根据该控制器功能，现想用该控制器控制一台三相异步电机正转。当按下按钮 SB3 时，电机就一直转，除非按停止按钮 SB4。再按按钮 SB3，电机又开始从新转。其中接触器有 AC110V/100W, AC220V/100W, AC380V/150W。选择合适的接触器，画出控制电机的接线图，如图 9-2 所示。

1．合适的接触器规格为______________________________。

2．根据题目要求，设计画出接线图：

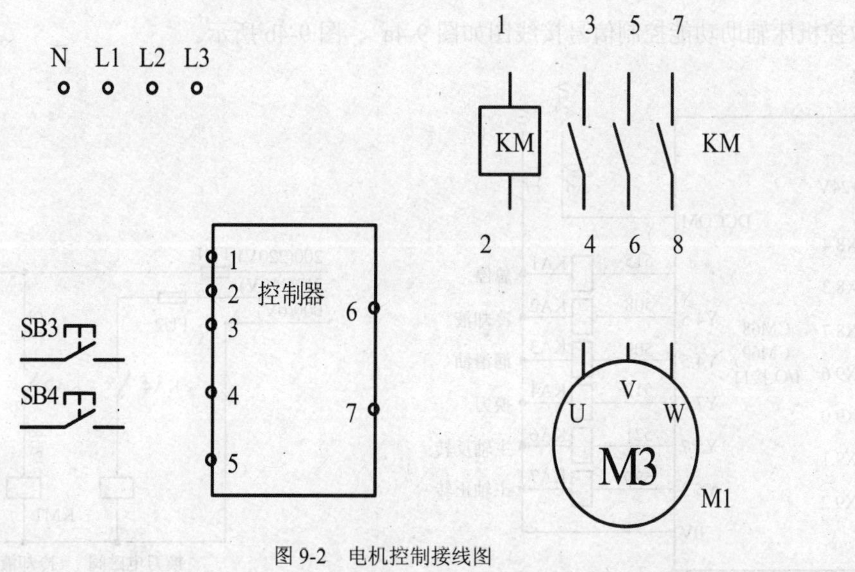

图 9-2 电机控制接线图

■ 情境描述

想一想，数控机床的冷却装置有何作用？当你在数控机床加工零件的过程中，冷却液突然停止（见图 9-3），打开冷却液箱发现仍有充足的冷却液，你觉得机床不能正常提供冷却液的原因有哪些？

图 9-3 机床冷却停止

■ 任务实施

任务实施一 辅助功能处理的基本过程

根据辅助功能处理的基本过程，请完成表 9-1 的填空。

表 9-1　　　　辅助功能处理的基本过程

功能	程序地址	输出信号			输入信号
		代码信号	选通信号	分配结束信号	结束信号
辅助功能	M		MF		FIN
主轴速度功能	S	S00～S31	SF		
刀具功能	T	T00～T31	TF		
第 2 辅助功能	B	B00～B31	BF		

讨论：在运行程序 T0101；G00 G91 X100 Z100；过程中，如果刀架未完成换刀，是否会执行 G00 G91 X100 Z100 程序，为什么？

任务实施二　辅助功能控制信号的连接

数控机床辅助功能控制信号接线图如图 9-4a 、图 9-4b 所示。

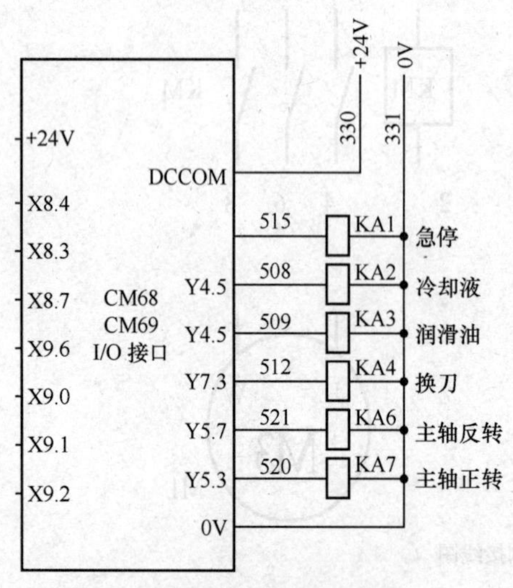

图 9-4a　辅助功能控制信号接线

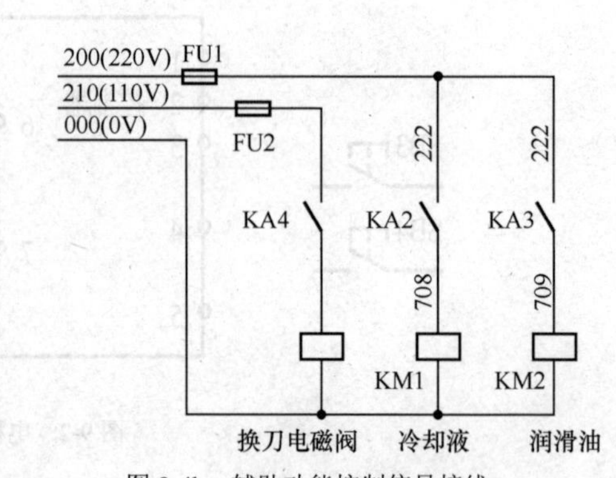

图 9-4b　辅助功能控制信号接线

实施：根据完成辅助功能控制信号接线。

任务实施三　辅助功能主电路的连接

数控机床辅助功能主电路如图 9-5 所示。

实施：根据完成辅助功能主电路的接线。

任务实施四　辅助功能信号

请完成图 9-6 中辅助功能信号的填空。

实施：请对辅助功能信号进行诊断。

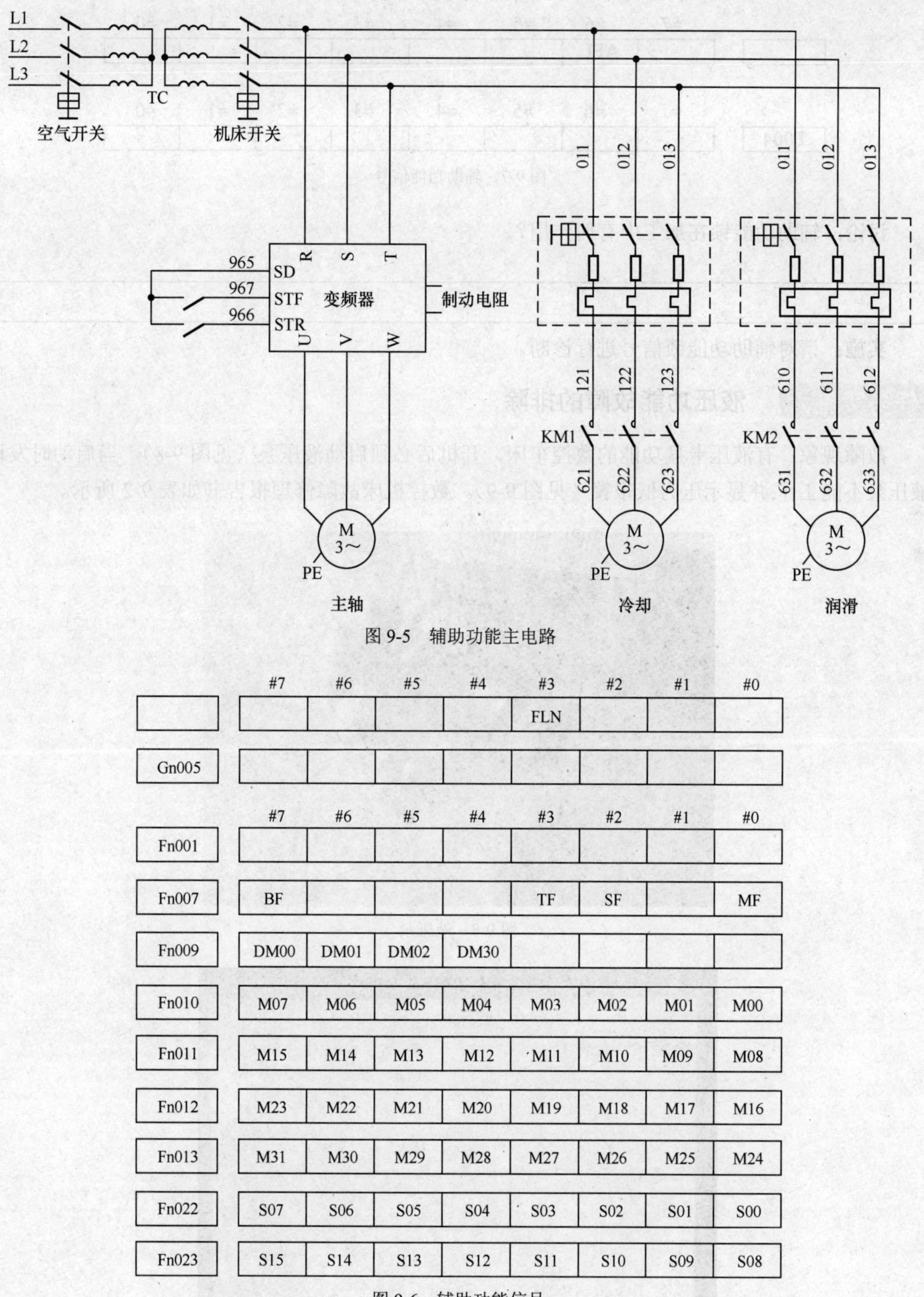

图 9-5 辅助功能主电路

	#7	#6	#5	#4	#3	#2	#1	#0
					FLN			
Gn005								

	#7	#6	#5	#4	#3	#2	#1	#0
Fn001								
Fn007	BF				TF	SF		MF
Fn009	DM00	DM01	DM02	DM30				
Fn010	M07	M06	M05	M04	M03	M02	M01	M00
Fn011	M15	M14	M13	M12	M11	M10	M09	M08
Fn012	M23	M22	M21	M20	M19	M18	M17	M16
Fn013	M31	M30	M29	M28	M27	M26	M25	M24
Fn022	S07	S06	S05	S04	S03	S02	S01	S00
Fn023	S15	S14	S13	S12	S11	S10	S09	S08

图 9-6 辅助功能信号

任务实施五 辅助功能锁信号

请完成图 9-7 中辅助功能信号的填空。

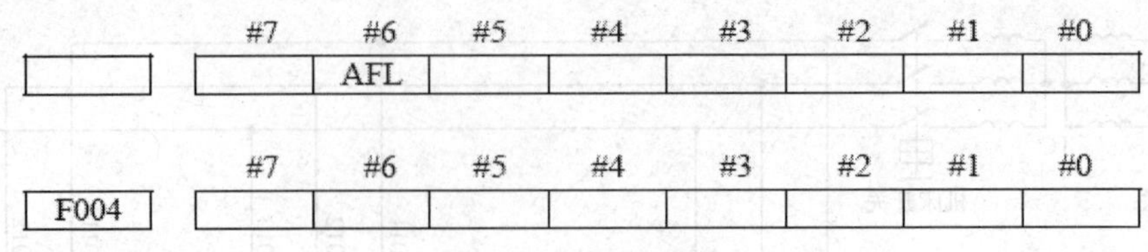

	#7	#6	#5	#4	#3	#2	#1	#0
		AFL						

	#7	#6	#5	#4	#3	#2	#1	#0
F004								

图 9-7　辅助功能信号

讨论：辅助功能锁在加工中有何作用？

实施：请对辅助功能锁信号进行诊断。

任务实施六　液压功能故障的排除

故障现象：有液压卡盘功能的数控车床，开机后必须启动液压泵（见图 9-8），当启动时发现液压泵不能工作,并显示压力低报警（见图 9-9）。数控机床故障修理报告书如表 9-2 所示。

图 9-8　液压泵

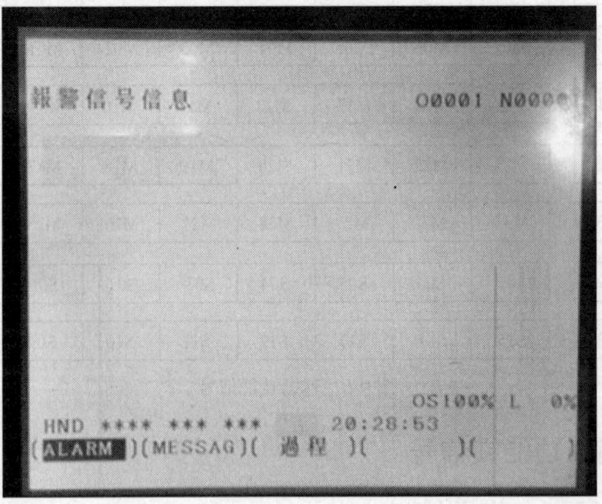

图 9-9　压力低报警

表 9–2　　　　数控机床故障修理报告书

<table>
<tr><td colspan="3">班级：</td><td>组别：</td><td colspan="2">姓名：</td></tr>
<tr><td>故障现象</td><td colspan="5"></td></tr>
<tr><td>故障原因分析</td><td colspan="5"></td></tr>
<tr><td rowspan="8">故障修理过程</td><td>修理部位（要修什么？）</td><td colspan="2">修理的内容（要修成什么样子？）</td><td>判断</td><td>备注</td></tr>
<tr><td></td><td colspan="2"></td><td></td><td></td></tr>
<tr><td></td><td colspan="2"></td><td></td><td></td></tr>
<tr><td></td><td colspan="2"></td><td></td><td></td></tr>
<tr><td></td><td colspan="2"></td><td></td><td></td></tr>
<tr><td></td><td colspan="2"></td><td></td><td></td></tr>
<tr><td></td><td colspan="2"></td><td></td><td></td></tr>
<tr><td colspan="5"><原因></td></tr>
<tr><td colspan="6"><教师评语></td></tr>
</table>

任务实施七　冷却功能故障的排除

故障现象：机床在加工过程中发生冷却液中断，打开冷却液箱发现冷却液充足，但控制冷却液泵的交流接触器不能吸合（见图 9-10）。数控机床故障修理报告书如表 9-3 所示。

图 9-10　冷却功能控制

表 9–3　　　　数控机床故障修理报告书

<table>
<tr><td colspan="3">班级：</td><td>组别：</td><td colspan="2">姓名：</td></tr>
<tr><td>故障现象</td><td colspan="5"></td></tr>
<tr><td>故障原因分析</td><td colspan="5"></td></tr>
<tr><td rowspan="7">故障修理过程</td><td>修理部位（要修什么？）</td><td colspan="2">修理的内容（要修成什么样子？）</td><td>判断</td><td>备注</td></tr>
<tr><td></td><td colspan="2"></td><td></td><td></td></tr>
<tr><td></td><td colspan="2"></td><td></td><td></td></tr>
<tr><td></td><td colspan="2"></td><td></td><td></td></tr>
<tr><td></td><td colspan="2"></td><td></td><td></td></tr>
<tr><td></td><td colspan="2"></td><td></td><td></td></tr>
<tr><td colspan="5"><原因></td></tr>
<tr><td colspan="6"><教师评语></td></tr>
</table>

■ 活动评价

表 9–4　　职业功能模块教学项目过程考核评价表

<table>
<tr><td colspan="3">专业：数控系统连接与调试　　班级：</td><td colspan="5">学号：　　姓名：</td></tr>
<tr><td colspan="8">项目名称：</td></tr>
<tr><td rowspan="3">评价项目</td><td rowspan="3">评价标准</td><td rowspan="3">评价依据
（信息、佐证）</td><td colspan="2">评价方式</td><td rowspan="3">权重</td><td rowspan="3">得分小计</td><td rowspan="3">总分</td></tr>
<tr><td>小组评分</td><td>个人评分</td></tr>
<tr><td>20%</td><td>80%</td></tr>
<tr><td>职业素质</td><td>1. 遵守管理规定、学习纪律、安全操作规程
2. 按时完成学习及工作任务、工作积极主动、勤学好问</td><td>1. 考勤
2. 工作及学习态度</td><td></td><td></td><td>20%</td><td></td><td rowspan="2"></td></tr>
<tr><td>专业能力</td><td>1. 课前导读完成情况（10 分）
2. 辅助功能信号的连接（15 分）
3. 辅助功能信号的诊断（15 分）
4. 辅助功能故障的排除（30 分）
5. 填写辅助功能故障维修记录（20 分）
6. 自动排铁屑辅助功能的增加（10 分）</td><td>1. 项目完成情况
2. 相关记录</td><td></td><td></td><td>80%</td><td></td></tr>
<tr><td>个人评价</td><td colspan="7">
学员签名：　　日期：</td></tr>
<tr><td>教师评价</td><td colspan="7">
教师签名：　　日期：</td></tr>
</table>

■ 相关知识

相关知识一　辅助功能（M 代码）

当指定了 M 代码地址时，代码信号和选通信号被送给机床。机床用这些信号启动或关断有关功能，虽然各功能使用不同的编程地址和不同的信号，但是输入和输出信号的方法都是相同的。以下以辅助功能为例加以说明：用 S、T 或 B 替换 M 后就变换成主轴速度功能，刀具功能和第 2 辅助功能。

1. 假定在程序中指定 M×××：对于×××，各功能可指定的位数分别用参数 No.3030～3033 设定，如果指定的位数超过了设定值，就发生报警。

2．送出代码信号 M00～M31 后，经过参数 No.3010 设定的时间 TMF（标准值为 16ms），选通信号 MF 置为 1。代码信号是用二进制表达的程序指令值×××。（*1）如果移动、暂停、主轴速度或其他功能与辅助功能在同一程序段被指令，当送出辅助功能的代码信号时，开始执行其他功能。

3．当选通信号置 1 时，PMC 读取代码信号并执行相应的操作。

4．在一个程序段中指定的移动、暂停或其它功能结束后，需等待分配结束信号 DEN 置 1，才能执行另一个操作。

5．操作结束后，PMC 将结束信号 FIN 设定为 1。结束信号用于辅助功能、主轴速度功能、刀具功能、第 2 辅助功能、下面叙述的外部操作功能和其他功能。如果同时执行这些功能，必须等到所有功能都结束后，结束信号才能设定为 1。

6．如果结束信号为 1 的持续时间超过了参数 No.3011 所设定的时间周期 TFIN（标准值为 16ms），CNC 将选通信号置为 0，并通知已收到了结束信号。

7．当选通信号为 0 时，在 PMC 中将结束信号置为 0。

8．当结束信号为 0 时，CNC 将所有代码信号置为 0，并结束辅助功能的全部顺序操作。

9．一旦同一程序段中的其他指令操作都已完成，CNC 就执行下一个程序段。

相关知识二　辅助功能信号

1．辅助功能代码信号

M00～M31<F010 ～ F013>

辅助功能选通信号

MF<F007#0>

[类别] 输出信号

[功能] 这些信号表示指定了辅助功能

[输出条件] 有关的输出条件和执行过程，请参看“基本执行过程”。

注：（1）以下辅助功能仅在控制单元内部处理，所以即使在程序中指令了这些代码也不会将其输出至 PMC：

M98，M99，M198

调用子程序的 M 代码（参数 No.6071～6079）

调用用户宏程序的 M 代码（参数 No.6080～6089）

（2）以下所列的辅助功能除代码信号和选通信号可被输出外，还能输出其译码信号如 M00，M01，M02，M30。

2．M 译码信号

DM00<F009#7>

DM01<F009#6>

DM02<F009#5>

DM30<F009#4>

[类别] 输出信号

[功能] 这些信号表示已指定了特殊的辅助功能。程序指令的辅助功能与输出信号的对应表示如表 9-5 所示：

表 9–5　辅助功能与输出信号的对应关系

程序指令	输出信号
M00	DM00
M01	DM01
M02	DM02
M03	DM30

[输出条件] 当满足如下条件时，M 译码信号为 1：

指定了对应的辅助功能，并且在同一程序段中完成了任何指定的移动指令和暂停指令。但是，当移动指令和暂停指令结束前返回辅助功能的结束信号时，这些信号不能输出。

当满足如下条件时，M 译码信号为 0：

（1）FIN 信号为“1”

（2）复位时

3．主轴速度代码信号

S00～S31<F022-F025>

主轴速度选通信号

SF<F007#2>

[类别] 输出信号

[功能] 这些信号表示已指定了主轴速度功能

[输出条件] 输出条件和处理过程参看“基本执行过程”有关的说明。

4．刀具功能代码信号

T00～T31<F026-F029>

刀具功能选通信号

TF<F007#3>

[类别] 输出信号

[功能] 这些信号表示已指定了刀具功能

[输出条件] 输出条件和处理过程参看“基本执行过程”有关的说明。

5．结束信号

FIN<G004#3>

[类别] 输入信号

[功能] 该信号表示辅助功能、主轴速度功能、刀具功能、第 2 辅助功能或外部操作功能的结束。

[动作] 当该信号为“1”时，控制单元的操作和处理过程，参看“基本处理过程”有关的说明。FIN 信号持续为 1 的时间必须超过由参数 No.3011 设定的 TFIN 的时间。如果在少于 TFIN 的时间内 FIN 变为“0”，则 FIN 信号被忽略。

警告：上述所有功能只能使用一个结束信号。该信号在所有功能结束后必须置为“1”。

6．分配结束信号

DEN<F001#3>

[类别] 输出信号

[功能] 该信号表示除了辅助功能、主轴速度功能和刀具功能外，包含在同一程序段的所有其他指令都已结束并已被送往 PMC，并正在等待来自 PMC 的结束信号。

[输出条件] 以下条件时 DEN 信号置为“1”：

正在等待辅助功能、主轴速度功能、刀具功能等的结束。在同一程序段的所有其他指令已经结束，并且当前的位置处于到位状态。

以下条件时 DEN 信号置为“0”：

已结束一个程序段的执行。

相关知识三 辅助功能相关参数

	#7	#6	#5	#4	#3	#2	#1	#0
8132					BCD			

> 注
>
> 设定该参数时，在继续操作之前，必须关断电源，再开机。

[数据类型] 位型

BCD 是否使用第 2 辅助功能：

0：不用

1：使用

3010	选通信号 MF，SF，TF 和 BF 的延迟时间

[数据类型] 字型

[数据单位] 1ms

[有效数据范围] 16～32767

在发出 M，S，T 和 B 代码后，送出选通信号 MF，SF，TF 和 BF 所要求的延迟时间。

3011	M，S，T 和 B 功能结束信号（FIN）的宽度

[数据类型] 字型

[数据单位] 1ms

[有效数据范围] 16～32767

设定接收 M，S，T 和 B 功能的结束信号（FIN）的最小信号宽度。

3030	M 代码的允许位数
3031	S 代码的允许位数
3032	T 代码的允许位数
3033	B 代码的允许位数

[数据类型] 字节型

[数据单位] 1～8

设定 M，S，T 和 B 代码的允许位数。

> 注
>
> 在 S 代码中最多只能指定 5 位数。

	#7	#6	#5	#4	#3	#2	#1	#0
3401								DPI

[数据类型] 位型

DPI 在能够包含小数点的地址中，省略小数点输入时：

0：数值单位是最小输入增量。

1：数值单位是毫米、英寸或秒（便携式计算器式小数点输入）。

	#7	#6	#5	#4	#3	#2	#1	#0
3404			M02	M30				

[数据类型] 位型

M30　在存储器运行时指定 M30：

0：M30 送往机床，并自动检索程序头。因此，当结束信号 FIN 返回并且不执行复位或倒回操作时，从程序头开始继续执行程序。

1：M30 送往机床，但不检索程序头（通过复位和倒回信号检索程序头）。

M02　在存储器操作时指定 M02：

0：M02 送往机床，并自动检索程序头。因此，当结束信号 FIN 返回并且不执行复位或复位倒回操作时，从程序头开始执行程序。

1：M02 送往机床，但不检索程序头（通过复位和倒回信号检索程序头）。

	#7	#6	#5	#4	#3	#2	#1	#0
3405								AUX

[数据类型] 位型

AUX　用小数点指定的第 2 辅助功能指令的最小增量单位：

0：为 0.001。

1：取决于输入增量（公制输入时为 0.001：英制输入时，为 0.0001）。

相关知识四　辅助功能互锁

禁止执行指定的 M，S，T 和 B 功能，即代码信号和选通信号不输出，该功能用于检查程序。

1．辅助功能锁住信号

AFL<G005#6>

[类别] 输入信号

[功能] 该信号选择辅助功能锁住。即该信号禁止执行指定的 M，S，T 和 B 功能。

[动作] 当该信号为“1”时，控制单元的功能如下所述：

（1）对于存储器运行、DNC 运行或 MDI 操作，控制单元不执行指定的 M、S、T 和 B 功能。即控制单元不输出代码信号和选通信号（MF、SF、TF、BF）。

（2）若在代码信号输出后，该信号置为“1”，则按正常方式执行输出操作直到输出操作结束。（即直到收到 FIN 信号，并且选通信号置为“0”）

（3）即使该信号为 1，辅助功能 M00，M01，M02 和 M30 也可执行。所有的代码信号、选通信号和译码信号按正常方式输出。

（4）即使该信号为“1”，辅助功能 M98 和 M99 仍按正常方式执行，但在控制单元中执行的结果不输出。

2．辅助功能锁住检查信号

MAFL<F004#4>

[类别] 输出信号

[功能] 该信号表示辅助功能锁住信号 AFL 的状态。

[输出条件] 当以下条件时该信号为“1”：辅助功能锁住信号 AFL 为“1”
当以下条件时该信号为“0”：辅助功能锁住 AFL 为“0”

相关知识五 一个程序段内的多个 M 指令

通常，1 个程序段只能含有 1 个 M 代码。然而，该功能允许 1 个程序段中可包含最多 3 个 M 代码。在 1 个程序段中指定的多个 M 代码（最多 3 个）被同时输出到机床。这意味着与通常的一个程序段中仅有一个 M 指令相比较，在加工中可实现较短的循环时间，如图 9-11 所示。

一个程序段中 1 个 M 指令	一个程序段中多个 M 指令
M40;	M40M50M60;
M50;	G28G91X0Y0Z0;
M60;	⋮
G28G91X0Y0X0;	⋮
⋮	⋮

图 9-11 一个程序段中多个 M 代码

1．基本处理过程

（1）假定程序指令为“MaaMbbMcc；”。

（2）第 1 个 M 指令（Maa）以与通常一个程序段仅有一个 M 指令时的相同方法送出代码信号 M00～M31。经过由参数 No.3010 设定的 TMF 时间（标准设定：16ms）之后，选通信号 MF 置为“1”。第 2 个 M 指令（Mbb）送出代码信号 M200～M215，第 3 个 M 指令（Mcc）送出代码信号 M300～M315，并且它们各自的选通信号 MF2 和 MF3 设置为“1”。这 3 个代码信号被同时送出。选通信号 MF、MF2 和 MF3 在同一时间置为“1”。代码信号 aa、bb 和 cc 是二进制的程序指令。

（3）在 PMC 侧，当选通信号置为“1”，读取各自选通信号相应的代码信号，并执行相应的操作。

（4）在 PMC 侧当所有 M 指令的操作结束时，结束信号（FIN）置为“1”。

（5）若结束信号在由参数 No.3011 设定的时间（TFIN）（标准为 16ms）内始终保持为“1”，则所有选通信号（MF，MF2 和 MF3）同时置为“0”，并通知收到结束信号。

（6）在 PMC 侧，当 MF，MF2 和 MF3 为“0”时，结束信号置“0”。

2．第 2，第 3M 功能代码信号

M200～M215

<F014，015>

M300～M315

<F016，017>

第 2，第 3M 功能选通信号

MF2<F008#4>

MF3<F008#5>

[类别] 输出信号

[功能] 表示已发出第 2，3 辅助功能。

[输出条件] 输出条件和处理过程与“基本处理过程”所述一致。

3．第 2，第 3M 功能代码参数

	#7	#6	#5	#4	#3	#2	#1	#0
3404	M3B							

［数据类型］ 位型

M3B　在一个程序段中可指定的 M 代码数

0：1 个

1：最多为 3 个

■ 拓展问题

想增加一台数控车床自动排铁屑辅助功能，应该怎样实现用 PMC 进行控制？

FANUC 主轴功能调试

数控机床主轴主要有双速电机主轴、模拟变频主轴和伺服主轴三种。双速电机主轴主要在早期经济型数控车床上。模拟变频主轴在数控车床和数控铣床中应用比较广泛，是经济型数控机床主轴控制模式的主流。伺服主轴主要用在主轴速度高、需要定向功能或者加工中心中。本任务主要是连接 CNC 与变频器，并设置 CNC 和变频器的相关参数。

■ **项目学习目标**

1. 主轴的控制方式。
2. 模拟主轴安装连接。
3. 主轴相关参数调整与设置。
4. 主轴功能信号的诊断。

■ **项目课时分配**

12 学时

■ **本任务工作流程**

1. 导入新课。
2. 检查讲评学生完成导读工作页情况。
3. 主轴信号、编码器信号的连接。
4. 主轴信号诊断与参数设置。
5. 巡回指导学生实习。
6. 结合数控设备对主轴进行故障排除。
7. 组织学生“拓展问题”讨论。
8. 本任务学习测试。
9. 测试结束后，组织学生填写活动评价表。
10. 小结学生学习情况。

■ **任务所需器材**

计算机、数控维修实训台 12 台、数控机床 6 台、电工工具、电工常用耗材及本任务学习测试资料。

■ 课前导读（阅读教材、查询资料在课前完成）

数控机床主轴在加工过程中要实现变速，变速的方式主要有模拟变频主轴（见图 10-1）和伺服主轴（见图 10-2）。

图 10-1　变频主轴

图 10-2　伺服主轴

1．请在表 10-1 中描述变频主轴与伺服主轴的特点。

表 10–1　变频主轴与伺服主轴的特点

名　称	特　点
变频主轴	
伺服主轴	

2．请观察三菱变频器的外围接线（见图 10-3），并写出表 10-2 中几个常用参数的含义（见表 10-2）。

表 10–2　变频器常用参数

参数号	名　称	单　位	初始值
0	转矩提升	0.1%	4%
1		0.01Hz	120Hz
	下限频率	0.01Hz	0Hz
3		0.01Hz	50Hz
7	加速时间	0.1s	5s
	减速时间	0.1s	5s
	电子过电流保护	0.01A	变频器额定电流
73	模拟量输入选择	1	1
79		1	0
125	端子 2 频率设定增益	0.01Hz	50Hz

■ 情境描述

FANUC 数控系统模拟变频主轴（见图 10-1）和伺服主轴（见图 10-2）的连接，如图 10-4 所示。数控系统是如何实现控制的呢？

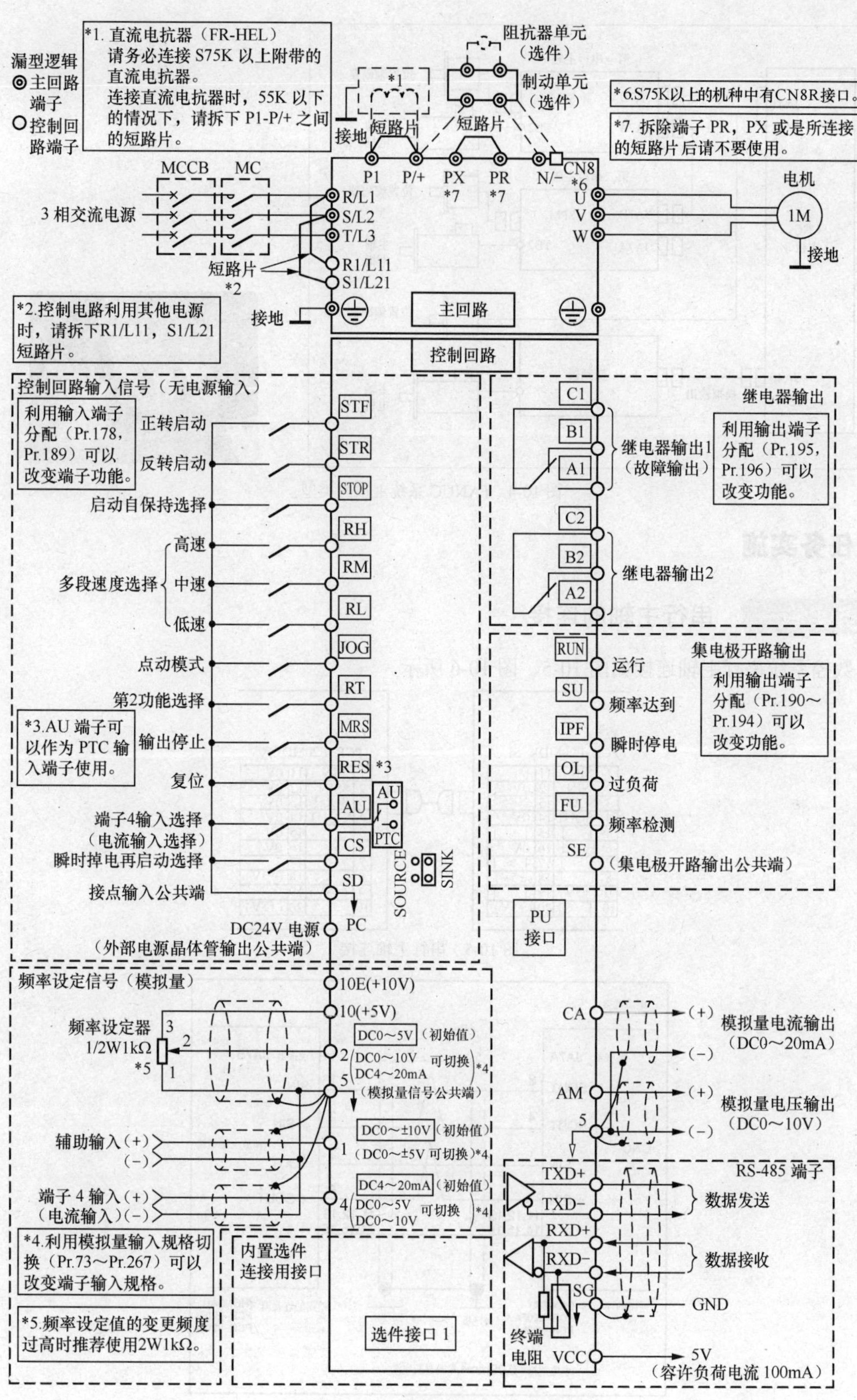

图 10-3　三菱变频器的外围接线

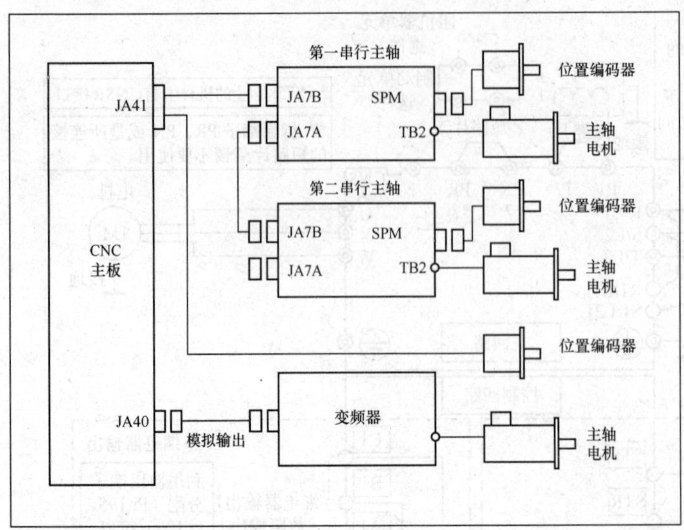

图 10-4　FANUC 系统主轴的类型

■ 任务实施

任务实施一　串行主轴的连接

数控系统串行主轴连接如图 10-5、图 10-6 所示。

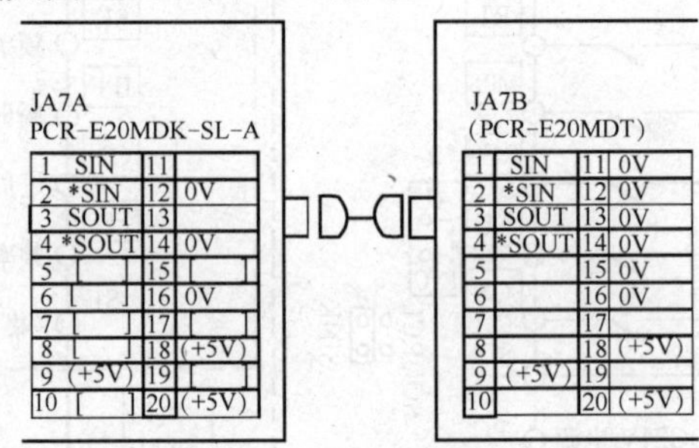

图 10-5　串行主轴连接

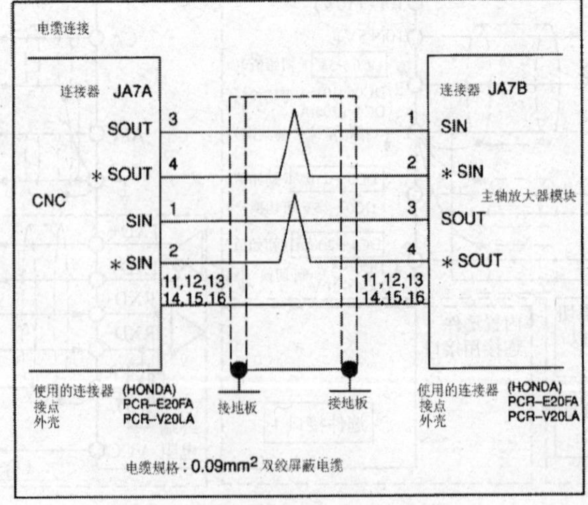

图 10-6　串行主轴连接

实施：请完成串行主轴的连接。

任务实施二　主轴编码器的类型

主轴编码器的类型，如图 10-7 所示。

图 10-7　位置编码器的形式

讨论：以上位置编码器各自的特点。

____

____

____

任务实施三　模拟主轴连接

数控系统模拟主轴连接，如图 10-8 所示，控制信号如表 10-3 所示。

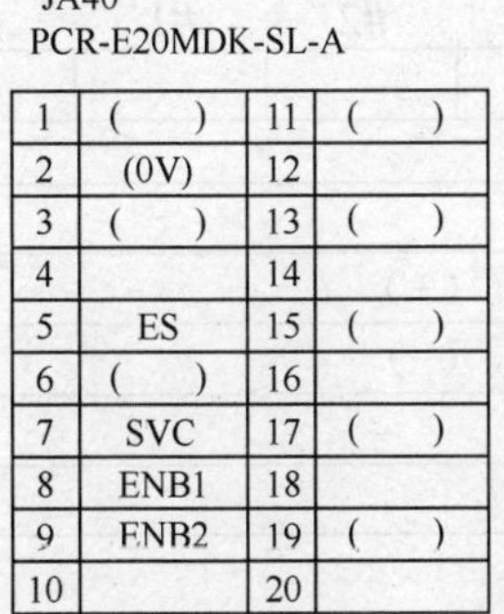

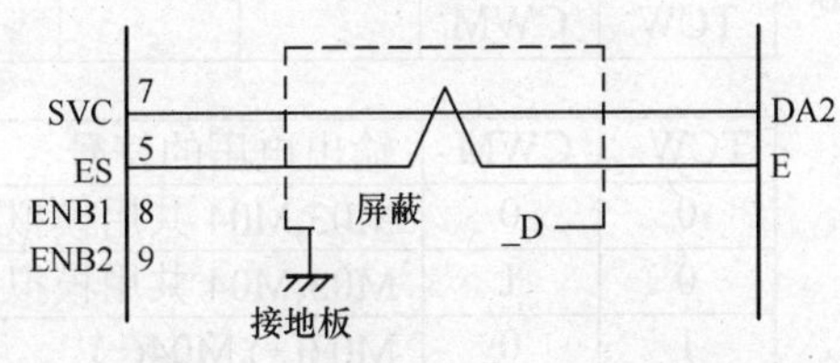

图 10-8　模拟主轴连接

表 10–3　模拟主轴连接

名称	输入 X	输出 Y	G 信号	F 信号	信号定义
主轴手动正转	X7.6	Y6.0（指使灯）			
主轴手动反转	X7.7	Y6.7（指使灯）			
主轴手动停止	X2.0	Y6.2（指使灯）			
主轴正转		Y7.0		F1.4（使能信号）	
主轴反转		Y7.1		F1.4（使能信号）	
主轴急停			G71.1		*ESPA
主轴停止			G29.6		*SSTP
主轴倍率			G30	G29.4（主轴速度到达信号）	SOV0—SOV7

实施：请完成串行主轴的连接。

任务实施四　位置编码器连接

数控系统位置编码器连接，如图 10-9 所示。

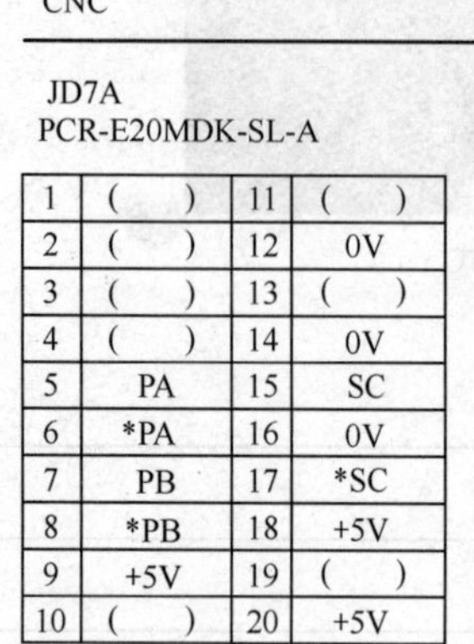

CNC

JD7A
PCR-E20MDK-SL-A

1	(　　)	11	(　　)
2	(　　)	12	0V
3	(　　)	13	(　　)
4	(　　)	14	0V
5	PA	15	SC
6	*PA	16	0V
7	PB	17	*SC
8	*PB	18	+5V
9	+5V	19	(　　)
10	(　　)	20	+5V

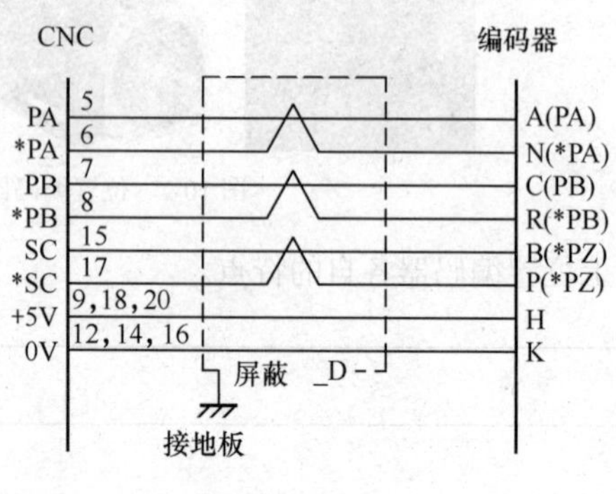

图 10-9　位置编码器连接

实施：请完成位置编码器的连接。

任务实施五　模拟主轴转速调整

1．选择模拟电压形式。

3706	#7	#6	#5	#4	#3	#2	#1	#0
	TCW	CWM						

TCW	CWM	输出电压的符号
0	0	M03,M04 共用模拟电压（+）
0	1	M03,M04 共用模拟电压（−）
1	0	M03(+),M04(−)
1	1	M03(−),M04(+)

2．D/A 转换器的偏移调整

指令主轴转速为“0”，检查端子“DA2”是否为“0mv”，并进行如下参数调整。

①M 系

SO:（用 MDI 运行方式指令，按循环起动按钮）

②T 系（G 代码体系 A 时）

G97 SO:（用 MDI 与 M 系同样指令）

3731	主轴速度（D/A 转换器）偏移补偿值

3．D/A 转换器增益的调整

指令齿轮 1 主轴的最高转速，检查端子“DA2”是否为“10mV”，并进行如下参数调整。

①M系

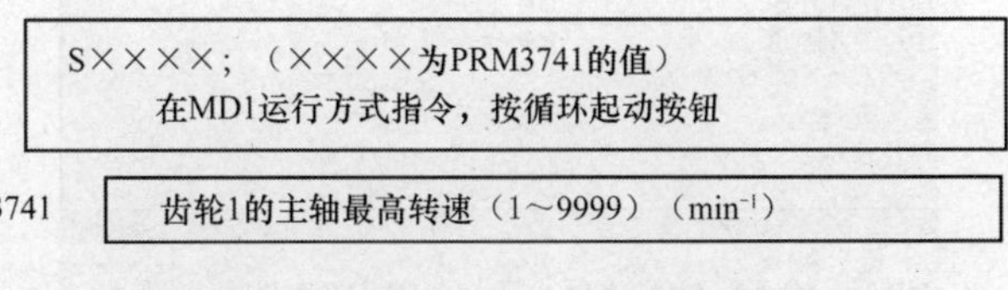

S××××；（××××为PRM3741的值）
在MD1运行方式指令，按循环起动按钮

3741 齿轮1的主轴最高转速（1～9999）（min^{-1}）

②T系（G代码体系A时）

G97 S××××；（××××为PRM3741的值）
（在MD1方式指令，按循环起动按钮）

3741 齿轮1的主轴最高转速（1～9999）（min^{-1}）

4．输出电压不正确时，进行下述计算，变更 PRM3730 参数，进行 D/A 转换器增益调整。

$$设定值=\frac{10V}{测定的电压}\times（PRM3730的当前值）$$

5．再次执行 S 指令，检查电压是否正常。

实施：请完成模拟主轴电压力增益的调整。

任务实施六 主轴设定调整画面的显示

1．主轴设定调整画面的显示参数。

	#7	#6	#5	#4	#3	#2	#1	#0
3111							SPS	

位 1（SPS） 0：不显示主轴调整画面。

☆1：显示主轴调整画面。

2．主轴设定、调整、监视画面操作，如图 10-10、图 10-11 和图 10-12 所示。

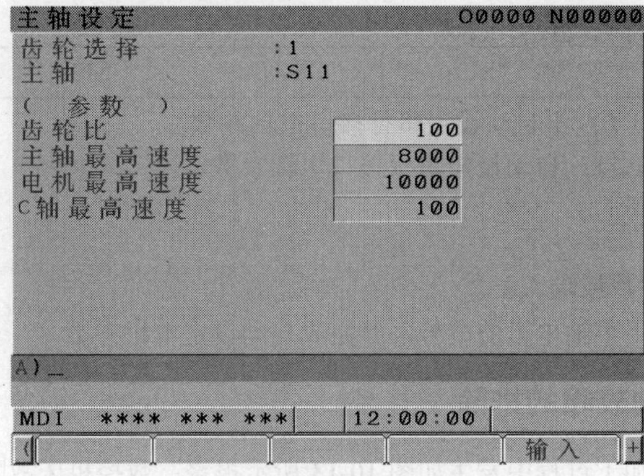

图 10-10 主轴设定

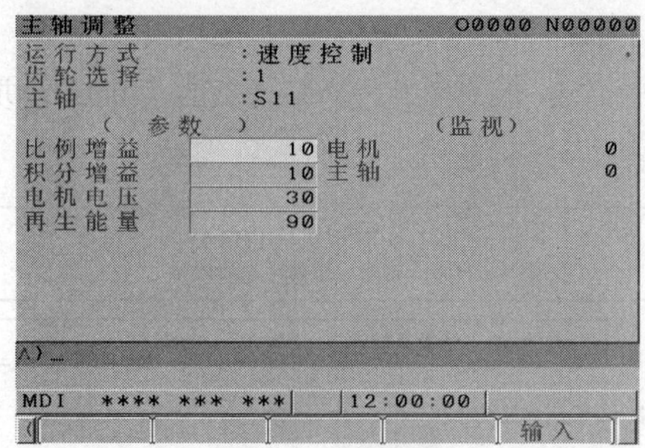

图 10-11 主轴调整

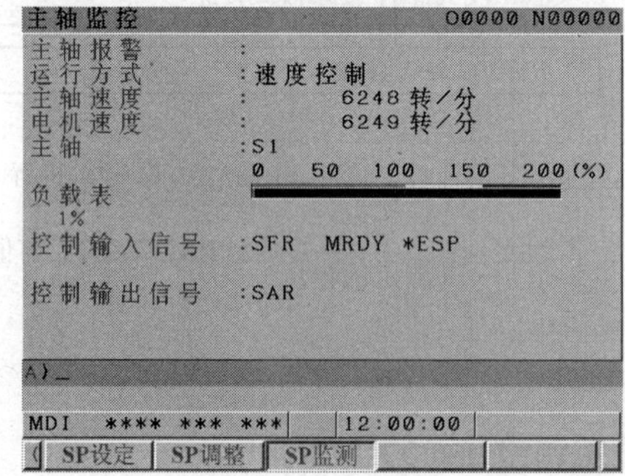

图 10-12 主轴监视

实施：请完成主轴设定、调整、监视画面操作。

任务实施七 自动设定电机参数

FANUC 串行主轴可以自动设定有关电机的(每一种型号)标准参数。

1．在紧急停止状态下将电源置于 ON。

2．将参数 LDSP(No. 4019#7)设定为“1”。

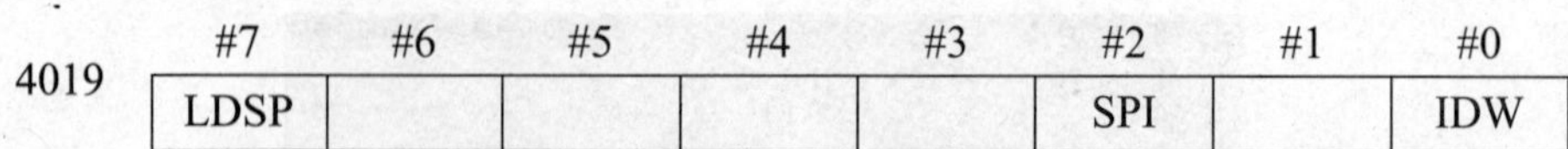

	#7	#6	#5	#4	#3	#2	#1	#0
4019	LDSP					SPI		IDW

位 7（LDSP）0：不自动设定串行接口主轴参数。

☆1：自动设定串行接口主轴参数。

3．设定电机型号。

4．将电源断开，参数被输入。

实施：请查阅所使用主轴电机的型号，并完成自动设定电机参数。

任务实施八 主轴故障的排除

报警现象：机床在加工过程中发生如图 10-13 所示报警。数控机床故障修理报告书如表 10-4 所示。

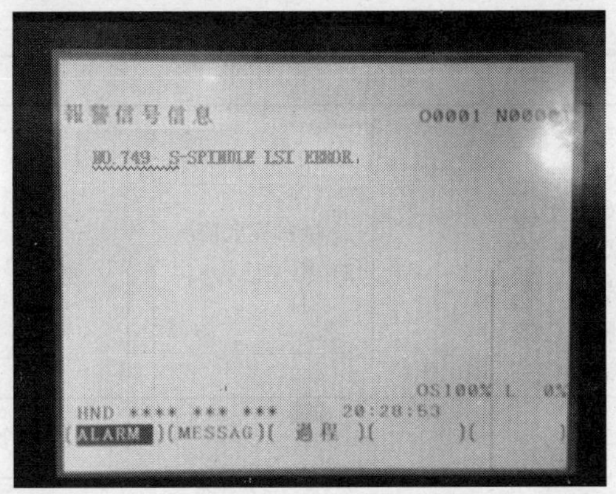

图 10-13 主轴报警画面

实施：请完成对故障的排除。

表 10-4 数控机床故障修理报告书

班级：		组别：	姓名：	
故障现象				
故障原因分析				
故障修理过程	修理部位（要修什么？）	修理的内容（要修成什么样子？）	判断	备注
	<原因>			
<教师评语>				

■ 活动评价

表 10-5 职业功能模块教学项目过程考核评价表

专业：数控系统连接与调试		班级：	学号：				姓名：
项目名称：							
评价项目	评价标准	评价依据（信息、佐证）	评价方式		权重	得分小计	总分
			小组评分	个人评分			
			20%	80%			
职业素质	1．遵守管理规定、学习纪律、安全操作规程 2．按时完成学习及工作任务、工作积极主动、勤学好问	1．考勤 2．工作及学习态度			20%		

续表

专业：数控系统连接与调试		班级：		学号：			姓名：
专业能力	1．课前导读完成情况（10 分） 2．串行主轴的连接（15 分） 3．模拟主轴的连接（15 分） 4．串行主轴功能调试（15 分） 5．模拟主轴功能调试（15 分） 6．主轴功能故障的排除（20 分） 7．填写主轴功能故障维修记录（10 分）	1. 项目完成情况 2．相关记录			80%		
个人评价				学员签名：			日期：
教师评价				教师签名：			日期：

■ 相关知识

相关知识一　单元串行输出与模拟输出的控制的不同点

主轴控制单元串行输出与模拟输出的控制的不同点如表 10-6 所示。

表 10–6　　串行输出与模拟输出的控制的不同点

	用于主轴串行输出接口的主轴控制单元	用于主轴模拟输出接口的主轴控制单元
主轴控制单元的参数	作为 CNC 的参数指定（4000～4351/S1，S2）传送到主轴控制单元后使用	由主轴控制单元直接指定
主轴控制单元的控制信号	通过 CNC 连接到 PMCG0070～G0073 和 F0045～F0048： 第一主轴的地址； G0074～G0077 和 F0049～F0052： 第二主轴的地址	通过外部接点到 PMC
主轴速度指令接口	0～±最高主轴电机速度范围内的数字数据	0～±10V 的模拟电压（不包括偏移电压的调整部分）
位置编码器接口	通过主轴控制单元连接到 CNC	直接连接到 CNC

相关知识二　主轴控制信号

主轴控制信号地址如图 10-14 和图 10-15 所示。

TLML：扭矩限制信号（低）	SPSL：主轴选择信号
TLMH：扭矩限制信号（高）	MCFN：动力线切换结束信号
CTH1：齿轮信号 1	SOCN：取消软起动/停上
CTH2：齿轮信号 1	RSL：请求输出切换信号
SRV：主轴反转信号	RCH：确认动力线状态信号
SFR：主轴正转信号	INDX：变更定向停止位置
ORCM：主轴定向指令 1	ROTA：定向停止位置的回转方向
MRDY：机床准备好信号	NRRO：定向停止位置的近距离回转
ARST：报警复位信号	INTG：速度积分控制信号
*ESP：紧急停止（负逻辑）	DEFM：差速方式指令

图 10-14　控制输入信号

ALM：报警信号	TLM5：扭矩限制中信号
SST：速度零信号	ORAR：定向结束信号
SDT：速度检测信号	CHP：动力线切换信号
SAR：速度到达信号	CFIN：主轴切换结束信号
LDT1：负载检测信号 1	RCHP：输出切换信号
LDT2：负载检测信号 2	RCFN：输出切换结束信号

图 10-15　控制输出信号

相关知识三　主轴电机代码

主轴电机代码如表 10-7 所示。

表 10–7　主轴电机代码

代码	电机型号	放大器
301	α *i*I0.5/10000（3000/10000min^{-1}）	α *i*SP2.2
302	α *i*I1/10000（3000/10000min^{-1}）	α *i*SP2.2
304	α *i*I1.5/10000（1500/10000min^{-1}）	α *i*SP5.5
305	α *i*I1.5/15000（3000/15000min^{-1}）	α *i*SP15
306	α *i*I2/10000（1500/10000min^{-1}）	α *i*SP5.5
307	α *i*I2/15000（3000/15000min^{-1}）	α *i*SP22
308	α *i*I3/10000（1500/15000min^{-1}）	α *i*SP5.5
309	α *i*I3/12000（1500/12000min^{-1}）	α *i*SP11
310	α *i*I6/10000（1500/10000min^{-1}）	α *i*SP11
311	α *i*I0.5/10000HV（1500/10000min^{-1}）	α *i*SP5.5HV
312	α *i*I8/8000（1500/8000min^{-1}）	α *i*SP11
313	α *i*I1/10000（3000/10000min^{-1}）	α *i*SP5.5HV
314	α *i*I12/7000（1500/7000min^{-1}）	α *i*SP15
315	α *i*I1.5/10000HV（1500/10000min^{-1}）	α *i*SP5.5HV
316	α *i*I15/7000（1500/7000min^{-1}）	α *i*SP22
317	α *i*I2/10000HV（1500/10000min^{-1}）	α *i*SP5.5HV
318	α *i*I18/7000（1500/7000min^{-1}）	α *i*SP22
319	α *i*I3/10000HV（1500/10000min^{-1}）	α *i*SP5.5HV
320	α *i*I22/7000（1500/7000min^{-1}）	α *i*SP26
321	α *i*I6/10000HV（1500/10000min^{-1}）	α *i*SP11HV
322	α *i*I30/6000（1150/6000min^{-1}）	α *i*SP45
323	α *i*I40/6000（1500/6000min^{-1}）	α *i*SP45
324	α *i*I50/4500（1150/4500min^{-1}）	α *i*SP55
325	α *i*I8/8000HV（1500/8000min^{-1}）	α *i*SP11HV
326	α *i*I12/7000HV（1500/7000min^{-1}）	α *i*SP15HV
327	α *i*I15/7000HV（1500/7000min^{-1}）	α *i*SP30HV
328	α *i*I22/7000HV（1500/7000min^{-1}）	α *i*SP30HV

续表

代码	电机型号	放大器
329	α*i*I30/6000HV（1150/6000min^{-1}）	α*i*SP45HV
401	α*i*I6/12000（1500/12000，4000/12000min^{-1}）	α*i*SP11
402	α*i*I8/10000（1500/10000，4000/10000min^{-1}）	α*i*SP11
403	α*i*I12/10000(1500/10000，4000/10000min^{-1})	α*i*SP15
404	α*i*I15/10000(1500/10000，4000/10000min^{-1})	α*i*SP22
405	α*i*I18/10000(1500/10000，4000/10000min^{-1})	α*i*SP22
406	α*i*I22/10000(1500/10000，4000/10000min^{-1})	α*i*SP26
407	αiI$_P$12/6000(500/1500，750/6000min^{-1})	α*i*SP11
408	αiI$_P$15/6000(500/1500，750/6000min^{-1})	α*i*SP15
409	αiI$_P$18/6000(500/1500，750/6000min^{-1})	α*i*SP15
410	αiI$_P$22/6000(500/1500，750/6000min^{-1})	α*i*SP22
411	αiI$_P$30/6000(400/1500，575/6000min^{-1})	α*i*SP22
412	αiI$_P$40/6000(400/1500，575/6000min^{-1})	α*i*SP26
413	αiI$_P$50/6000(575/1500，1200/6000min^{-1})	α*i*SP26
414	αiI$_P$60/4500(400/1500，750/4500min^{-1})	α*i*SP30
415	αiI$_P$100/4000HV(1000/3000，2000/4000min^{-1})	α*i*SP75HV
418	αiI$_P$40/6000HV(400/1500，575/6000min^{-1})	α*i*SP30HV
332	β*i*I3/10000(2000/10000min^{-1})	β*i*SVSP-5.5
333	β*i*I6/10000(2000/10000min^{-1})	β*i*SVSP-11
334	β*i*I8/8000(2000/8000min^{-1})	β*i*SVSP-11
335	β*i*I12/7000(2000/7000min^{-1})	β*i*SVSP-15

相关知识四 主轴报警

1．主轴报警代码如图 10-16 所示。

1：电机过热	13：内部存储器异常	30：输入部分过电流
2：速度偏差过大	18：和校验错误	31：速度检测断线
3：DC 回路保险丝断	19：U 相电流偏移过大	32：传送用 RAM 异常
4：输入保险丝断	20：V 相电流偏移过大	33：电源部分充电不足
5：控制电源保险丝断	24：传送数据异常，停止	34：参数设定异常
7：过速度	25：串行数据传送停止	35：齿轮比设定过大
9：散热器过热	26：Cs 轴速度检测断线	36：误差计数器溢出
10：输入电压低	27：位置编码器断线	37：速度检测器误设定
11：DC 回路过电压	28：Cs 位置检测断线	38：磁传感器信号异常
12：DC 回路过电流	29：短时间过负载	

39：Cs 轮廓控制用 1 转信号检测报警
40：Cs 轮廓控制用 1 转信号未检测报警
41：误检测位置编码器 1 转信号报警
42：未检测位置编码器 1 转信号报警
46：螺纹切削时，检测位置编码器 1 转信号报警
47：位置编码器信号异常
48：检测位置编码器 1 转信号异常

图 10-16 主轴报警代码

2．主轴警告信号（见表 10-8）

表 10–8 主轴警告信号

警告号	内容	详细说明
56	内部风扇停止	如果内部风扇停止，警告信号输出，但此时主轴连续运行，使用 PMC 执行所需的处理。大约 1 分钟后产生报警。
88	散热器风扇停止	如果散热器风扇停止，警告信号输出，但此时主轴连续运行，使用 PMC 执行所需的处理。 如果主电路过热，产生报警。
04	在主电源转换器检测到缺相	如果在主电源转换器中检测到缺相，警告信号输出，但此时主轴连续运行，使用 PMC 执行所需的处理。在警告产生大约 1 分钟后（对 PSM）或大约 5 分钟（对 PSMR）产生报警。
58	转换器主电路过载	如果 PSM 的主电路过载，警告信号输出，但此时主轴继续运行，使用 PMC 执行所需的处理。大约在警告发生 1 分钟后产生报警。
59	转换器冷却风扇停止	如果 PSM 冷却风扇停止，警告信号输出，但此时主轴继续运行，使用 PMC 执行所需的处理。大约在警告发生 1 分钟后产生报警。
113	转换器散热器冷却风扇停止	如果转换器散热器冷却风扇停止，警告信号输出，但此时主轴续继运行，使用 PMC 执行所需的处理。如果 PSM 主电路过热，产生报警。

相关知识五 主轴诊断

当主轴放大器发生错误（黄色 LED 灯亮+错误号）时，在诊断画面显示此状态，可以显示每个主轴产生的错误号，如果没有发生错误，则显示“0”。

1．诊断画面显示状态。

诊断号	内容
710	第 1 主轴错误状态
711	第 2 主轴错误状态
730	第 3 主轴错误状态
731	第 4 主轴错误状态

2．诊断画面参数

	#7	#6	#5	#4	#3	#2	#1	#0
13112						SPI		IDW

[数据类型] 位

IDW 编辑伺服信息画面或主轴信息画面：

0：禁止

1：许可

SPI 主轴信息画面：

0：显示

1：不显示

■ 拓展问题

数控设备为了提高加工的效率，可以采用双主轴输出的控制。想一想，双主轴应该如何进行连接与调试？

FANUC 刀架功能调试

刀架是数控车床在加工过程中的重要执行部件，使用频率高，故障率也很高。刀架要能正常工作，离不开刀架本身巧妙的机械结构，也少不了数控系统的电气控制，要成为一名高素质的维修技能人才，不仅要了解刀架的机械结构，还要懂得刀架的控制原理与外围接线。

■ 项目学习目标

1．了解刀架种类、结构、基本组成。

2．掌握刀架的电气线路控制原理。

3．掌握刀架的安装方法。

4．掌握刀架的保养方法。

■ 项目课时分配

12 学时

■ 本任务工作流程

1．导入新课。

2．检查讲评学生完成导读工作页情况。

3．对照自动电动刀架实物，进行认识作业示范。

4．结合解剖自动电动刀架实物及影像资料，进行理论讲解。

5．组织学生对自动电动刀架安装作业实习。

6．巡回指导学生实习。

7．对刀架出现的故障现象进行分析与故障排除。

8．组织学生“拓展问题”讨论。

9．本任务学习测试。

10．测试结束后，组织学生填写活动评价表。

11．小结学生学习情况。

■ 任务所需器材

自动电动刀架资料及课件、数控维修实训台 5 台、自动电动刀架 5 台、本任务学习测试资料。

■ 课前导读（阅读教材、查询资料在课前完成）

1．根据对上课程数控机床编程与操作的学习，在进行换刀过程中遇到过哪些问题（见图 11-1）？请完成表 11-1 中内容的填写。

图 11-1　刀架实物图

表 11–1　遇到问题

序号	遇到问题
1	
2	
3	
4	

2．如图 11-2 与图 11-3 所示是哪一类型的刀架？它们有什么区别？

图 11-2　刀架 1

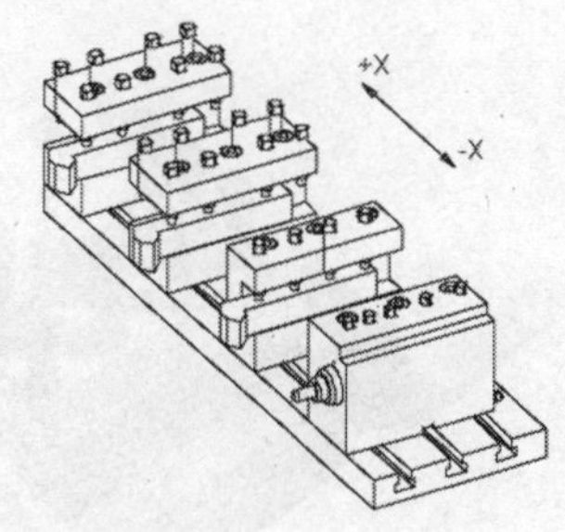

图 11-3　刀架 2

■ 情境描述

李同学在操作数控车床的时候，当他进行刀架换刀的过程中出现刀架旋转不停，然后出现了系统报警，如图 11-4 所示。你在操作机床的时候，是否也遇到过同样的现象？知道为什么会出现这样的故障吗？

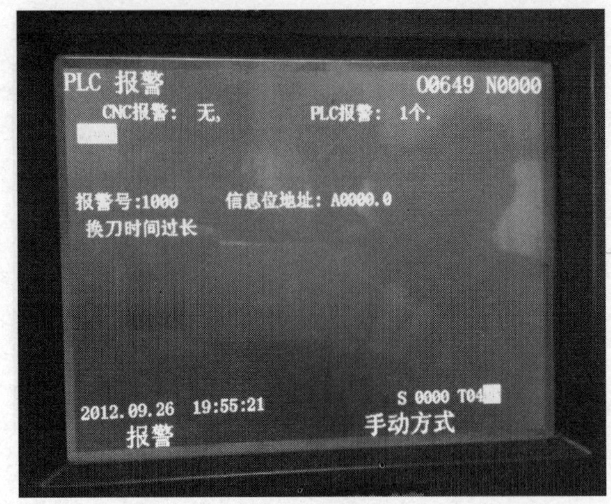

图 11-4 系统报警

■ 任务实施

任务实施一 刀架的种类

按换刀方式的不同，数控车床的刀架系统主要有回转刀架、排式刀架和带刀库的自动换刀装置等多种形式，如图 11-5 所示。

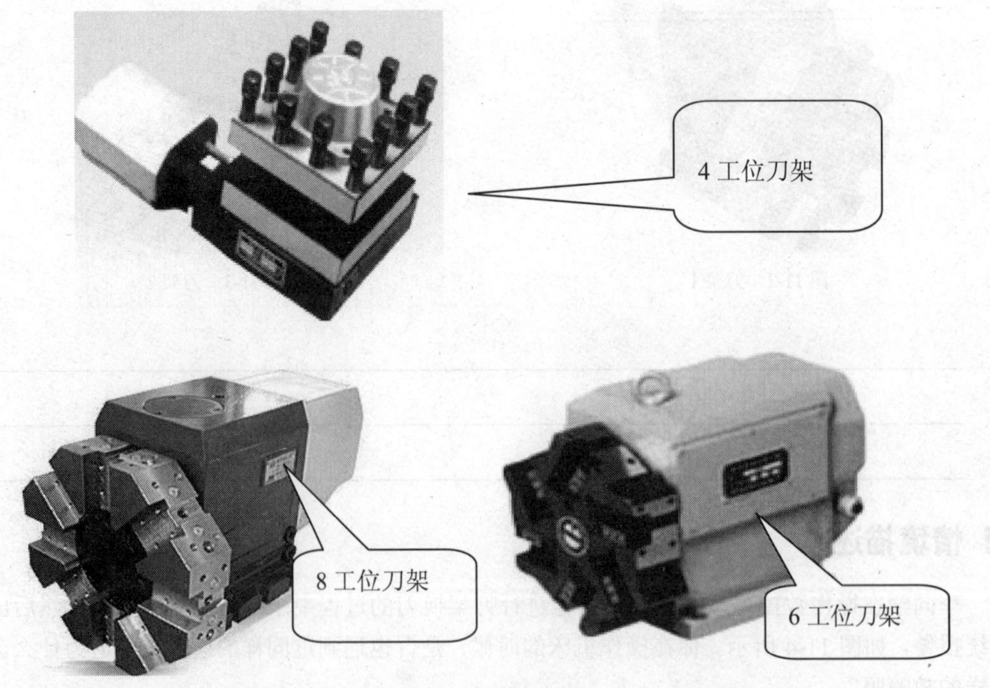

图 11-5 多种形式刀架

讨论：数控车床的刀架有哪些种类？什么是动力刀头？动力刀头有什么作用？

任务实施二 四工位刀架的机械结构原理

一个完整的电动刀架由电机、刀架底座、刀架体、刀架轴、转位盘、粗定位盘、端面轴承、联轴器、蜗轮副、丝杠副、端齿盘、弹簧、球头销、粗定位销、固定插销、磁钢、发信盘等零部件组成，如图 11-6 所示，它们分别是刀架哪一部分？有什么作用？完成表 11-2 中内容填写。

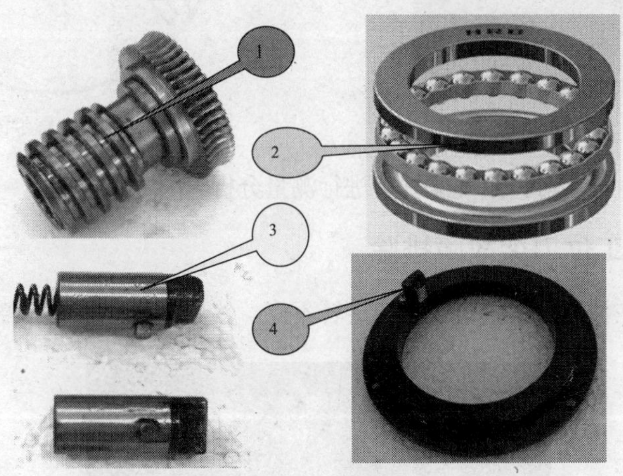

图 11-6 刀架零部件

表 11–2 刀架零部件名称、作用

序号	名称	作用
1		
2		
3		
4		

讨论：数控车床的刀架机械结构对加工有什么影响？

任务实施三 刀架发信盘原理

刀架发信盘实物如图 11-7 所示，刀架发信盘共有 6 个接线螺钉，其中有 2 个用于接直流 24V 电源，其旁边分别标有“+”和“−”符号。另外 4 个螺钉用于连接数控系统的刀位信号线，分别是 T1、T2、T3、T4 信号线，上面分别标有序号“1”、“2”、“3”和“4”。刀架到位信号用霍尔传感器来检测，如图 11-8 所示，1 个刀位对应安装 1 个霍尔传感器。霍尔传感器的实质是一个磁感应开关，当刀架上永磁铁靠近霍尔传感器时，霍尔元件的开关信号便会经信号线传送至系统 PLC，经系统处理后控制刀架完成预定换刀动作。

图 11-7　刀架发信盘

图 11-8　霍尔传感器

实施：在刀架发信盘上对霍尔开关好坏进行测量分析。

任务实施四　四工位刀架故障排除

报警现象：机床在换刀过程中出现刀架旋转不停，然后出现了系统报警，如图 11-9 所示。

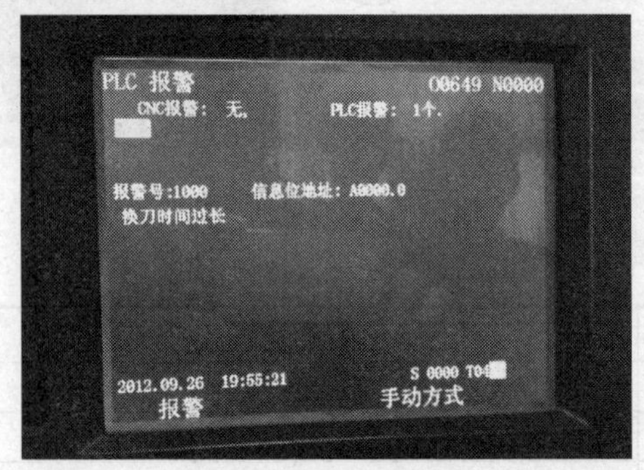

图 11-9　系统报警画面

讨论：出现该报警现象的可能性有哪些？

____

____

____

实施：检查刀架控制线路，解除系统报警并填写好故障报告书（见表 11-3）。

任务实施五　四工位刀架拆卸

刀架的拆卸应按照一定的顺序进行，否则有可能会引起零部件的损坏或失效。为安全起见，刀架拆卸时应在机床断电情况下进行。刀架的拆卸应该准备工具，如图 11-10 所示。

表 11-3　　数控机床故障修理报告书

班级：		组别：	姓名：	
故障现象				
故障原因分析				
故障修理过程	修理部位（要修什么？）	修理的内容（要修成什么样子？）	判断	备注
	<原因>			
<教师评语>				

1．工具：六角扳手、铜棒、锤子、大小螺丝刀、M6 螺钉、增力钢管、钳子、钢盆、毛刷等。

2．材料：润滑脂、煤油、绝缘胶布、棉布等。

3．安装注意事项：

（1）刀架安装时要先用不脱毛的棉布把各部件擦拭干净，然后再给机械部件上防锈油和润滑脂。

（2）定位销在安装时不能刮伤，涂上黄油装入刀架体中，试用手压弹簧，观察弹簧是否能灵活将定位销弹出，否则刀架转位时将有可能出现卡死现象。

（3）注意刀架体与刀架底座的端齿盘必须啮合，否则刀架不能旋转到位。

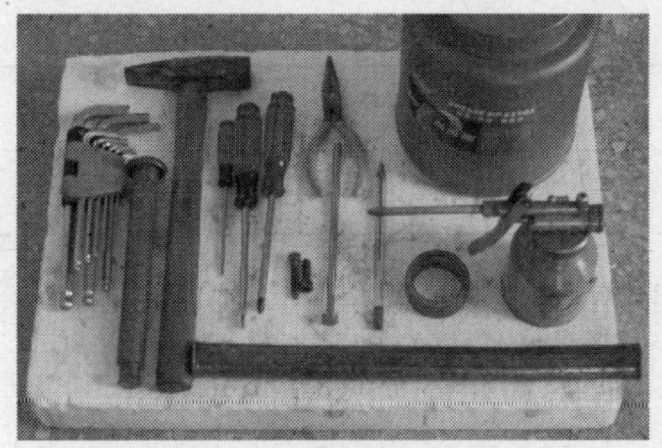

图 11-10　拆卸刀架的准备工具

讨论：刀架的拆卸应该注意哪些方面？

实施：进行四工位的刀架拆卸操作。

任务实施六　四工位刀架保养与安装

刀架是数控车床的执行部件，换刀动作频繁。良好的保养工作对刀架的使用寿命和加工精度有直接的影响。刀架的机械结构比较复杂，为保证刀架的使用性能，应定期对刀架进行保养。刀架应该怎样保养？安装过程又应该注意什么？如图 11-11 和图 11-12 所示，展示刀架保养与安装过程。

图 11-11　刀架保养与安装 1

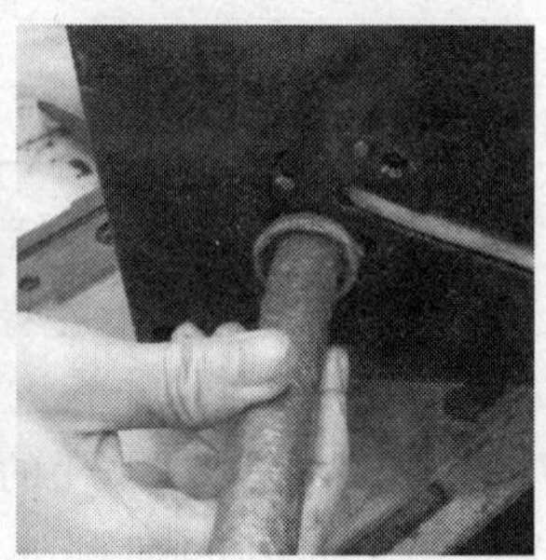

图 11-12　刀架保养与安装 2

讨论：刀架的拆卸应该注意哪些方面？

____

____

____

实施：进行四工位的刀架保养与安装操作操作。

■ 活动评价

表 11–4　　职业功能模块教学过程考核评价表

专业：数控系统连接与调试　　班级：　　学号：　　姓名：

项目名称：FANUC 0i-TC 刀架功能调试

评价项目	评价标准	评价依据（信息、佐证）	评价方式		权重	得分小计	总分
			小组评分	个人评分			
			20%	80%			
职业素质	1．遵守管理规定、学习纪律、安全操作规程 2．按时完成学习及工作任务、工作积极主动、勤学好问	1．考勤 2．工作及学习态度			20%		

续表

专业：数控系统连接与调试	班级：		学号：			姓名：	
项目名称：FANUC 0i-TC 刀架功能调试							
专业能力	1．课前导读完成情况（10 分） 2．霍尔开关的好坏测量（5 分） 3．刀架线路故障排除（20 分） 4．刀架机械部分的拆卸（20 分） 5．刀架的保养（15 分） 6．刀架机械部分的安装（30 分）	1. 项目完成情况 2．相关记录			80%		
个人评价	学员签名： 日期：						
教师评价	教师签名： 日期：						

■ 相关知识

相关知识一 刀架种类

数控车床的刀架是机床的重要组成部分。刀架用于夹持切削用的刀具，因此其结构直接影响机床的切削性能和切削效率。在一定程度上，刀架的结构和性能体现了机床的设计和制造技术水平。随着数控车床的不断发展，刀具结构形式也在不断翻新。

按换刀方式的不同，数控车床的刀架系统主要有回转刀架、排式刀架和带刀库的自动换刀装置等多种形式。

数控车床刀架种类

（1）回转刀架是数控车床最常用的一种典型换刀刀架，通过刀架的旋转分度定位来实现机床的自动换刀动作，根据加工要求可设计成 4 方、6 方刀架或圆盘式刀架，并相应地安装 4 把、6 把、8 把、10 把、12 把、16 把或更多把的刀架。刀具沿圆周方向安装在刀架上，可以安装径向车刀、轴向车刀、钻头、镗刀。回转刀架的换刀动作可分为刀架抬起、刀架转位和刀架锁紧等几个步骤。它的动作是由数控系统发出指令完成的。回转刀架根据刀架回转轴与安装底面的相对位置，又分为立式刀架和卧式刀架两种。有些刀架还带有动力刀头。

4 工位回转刀架

6 工位回转刀架

续表

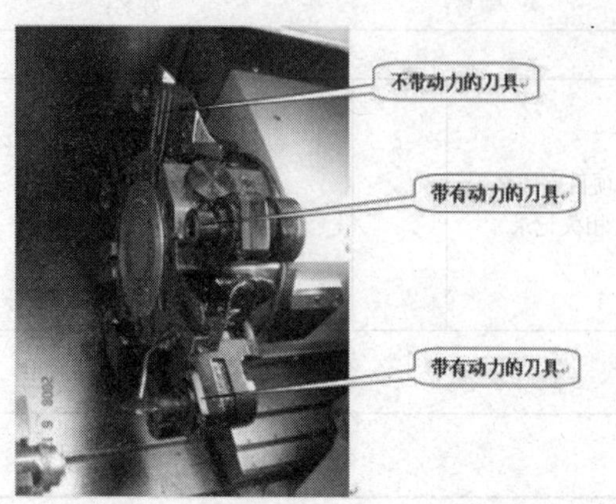 带动力刀头的刀架	 8 工位回转刀架
（2）排式刀架一般用于小规格数控车床，以加工棒料或盘类零件为主。它的结构形式为多个夹持着不同用途刀具的刀夹沿机床 X 坐标轴方向排列在滑板上。刀具的典型布置方式如右图所示。刀具沿一条直线安装。这种刀架在刀具布置和机床调整等方面都较为方便，可以根据具体工件的车削工艺要求，任意组合各种不同用途的刀具，一把刀具完成车削任务后，横向滑板只要按程序沿 X 轴移动预先设定的距离后，第二把刀就到达加工位置，这样就完成了机床的换刀动作。这种换刀方式迅速省时，有利于提高机床的生产效率。	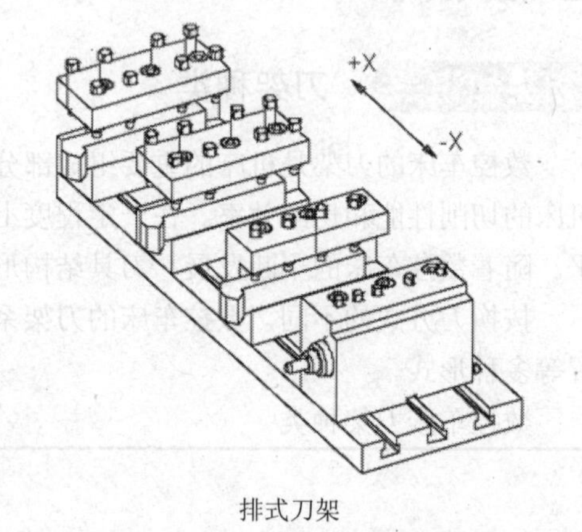 排式刀架
（3）上述回转刀架和排式刀架所安装的刀具都不可能太多，即使是装备两个刀架，对刀具的数目也有一定限制。当由于加工工序等原因需要数量较多的刀具时，应采用带刀库的自动换刀装置。车削中心的换刀装置便是由刀库和刀具交换机构组成。刀库有很多种形式，每种形式的刀库可容纳的刀具数量也有很大差距，这些因素在一定程度上决定了车削中心加工能力的大小。	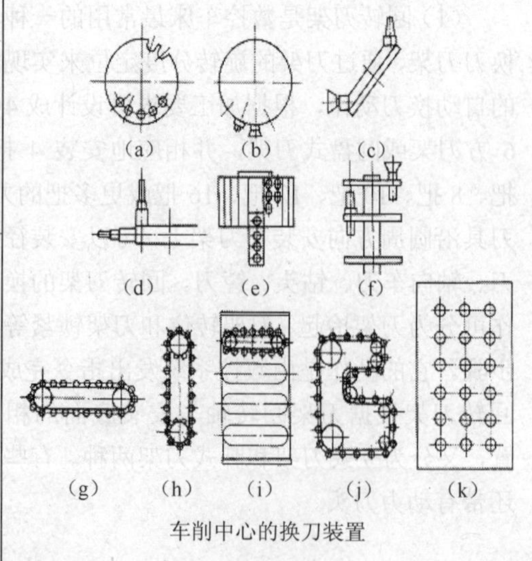 车削中心的换刀装置

相关知识二 四工位刀架的机械结构

一个完整的电动刀架由电机、刀架底座、刀架体、刀架轴、转位盘、粗定位盘、端面轴承、联轴器、蜗轮副、丝杠副、端齿盘、弹簧、球头销、粗定位销、固定插销、磁钢、发信盘等零部件组成。

1．刀架基本结构

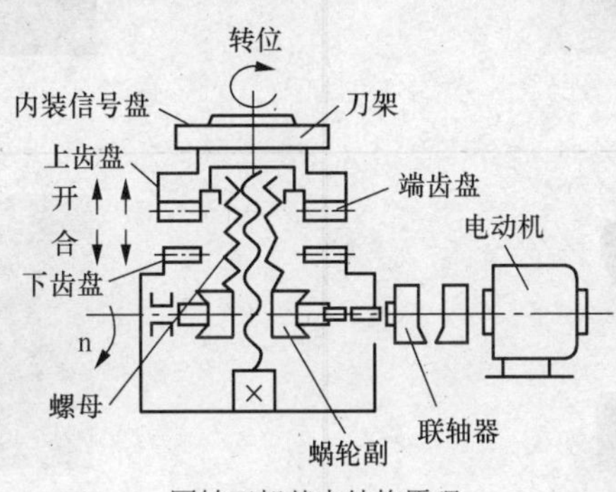

回转刀架基本结构原理

防护盖

刀架体

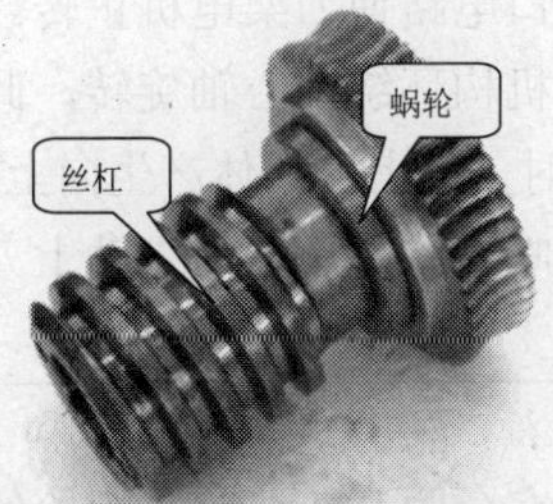

丝杠-蜗轮

刀架磁钢

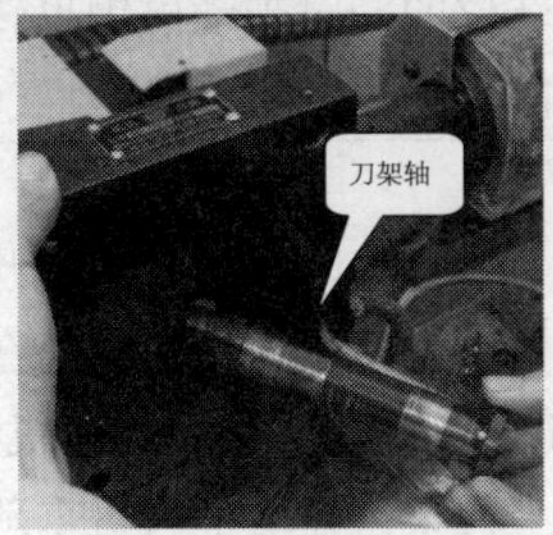

刀架轴

端面轴承

续表

 锁紧部件	 刀架底座
 定位销	 转位盘

2．刀架换刀原理

换刀动作前后顺序	换刀信号→电机正转→上刀体转位→ 到位信号→电机反转→粗定位→精定位夹紧 →电机反转→回答信号→加工顺序进行
（1）	刀架上抬 当数控系统发出换刀指令后，通过接口电路使刀架电机正转。经传动装置驱动蜗杆蜗轮机构，蜗轮带动丝杆螺母机构环绕中心轴旋转，此时由于端齿盘处于啮合状态，在丝杆螺母机构转动时，使上刀架体产生向上的轴向力，将齿盘松开并抬起，直至两定位齿盘脱离啮合状态，从而带动上刀架和齿盘产生“上抬”动作。
（2）	刀架转位 当刀架抬到一定距离后，上下端齿盘完全脱开。这时与蜗轮丝杆连接的转位套随蜗轮丝杆一起转动。齿盘完全脱开时，球头销在弹簧作用下进入转位盘的凹槽中，带动刀架体转位，刀架体转位的同时带动磁钢也转动，并与信号盘（霍尔开关电路板）配合进行刀号的检测。
（3）	刀架定位 当系统程序的刀号与实际刀架检测的刀号一致时，此时霍尔开关反馈信号使电动机反转，这时球头销从转位套的槽中被挤出，使定位销在弹簧作用下进入粗定位盘的凹槽中进行粗定位。这时上刀架停止转动，电机继续反转，使其在该位置落下，通过螺母丝杆机构使上刀架齿盘与下齿盘重新啮合，实现精确定位。

续表

（4）	刀架压紧 刀架精确定位后，电机继续反转（反转时间由系统 PLC 控制），夹紧刀架，当两齿盘增加到一定夹紧力时，电机由数控装置停止反转，从而完成一次换刀过程。 四工位电动刀架的工作过程可概括为“抬”、“转”、“定”、“压”。掌握该内容对刀架的故障诊断与维修有着非常重要的作用。

相关知识三　刀架发信盘

刀架发信盘原理

刀架发信盘实物如图所示：

发信盘

上图刀架发信盘共有 6 个接线螺钉，其中有 2 个用于接直流 24V 电源，其旁边分别标有“+”和“-”符号。另外 4 个螺钉用于连接数控系统的刀位信号线，分别是 T1、T2、T3、T4 信号线，上面分别标有序号“1”、“2”、“3”和“4”。刀架到位信号用霍尔传感器来检测，每个刀位对应安装一个霍尔传感器。霍尔传感器的实质是一个磁感应开关，当刀架上永磁铁靠近霍尔传感器时，霍尔元件的开关信号便会经信号线传送至系统 PLC，经系统处理后控制刀架完成预定换刀动作。

霍尔传感器

霍尔传感器又称霍尔开关，实质就是一个开关，是一种有源磁电转换器件，它是在霍尔效应原理的基础上，利用集成封装和组装工艺制作而成的元器件。所谓霍尔效应，是指当一块通有电流的金属或半导体薄片垂直置于磁场中时，薄片的两端产生电位差的现象。霍尔传感器有很多种型号，实际应用时可根据需要灵活选择。常见霍尔开关元件如图：

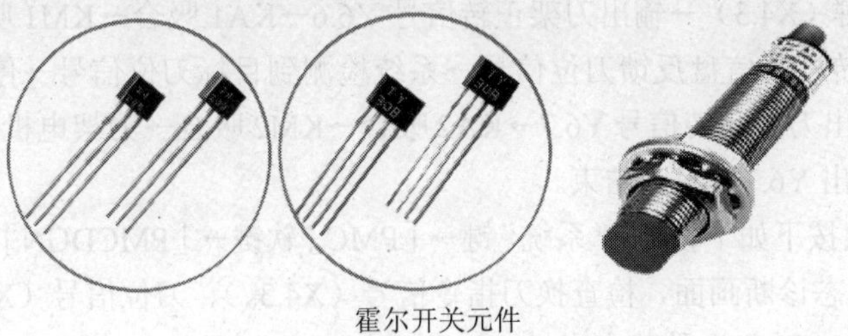

霍尔开关元件

续表

霍尔开关工作类型： 霍尔开关一种磁敏传感器，输入端是以磁感应强度 B 来表征的，当 B 值达到一定的程度时，霍尔开关内部的触发器翻转，霍尔开关的输出电平状态也随之翻转。输出端一般采用晶体管输出，有 NPN、PNP、常开型、常闭型、锁存型（双极性）、双信号输出之分。	霍尔传感器应用： 霍尔传感器可方便的把磁输入信号转换成实际应用中的电控信号，具有无触点、功耗低、使用寿命长、响应频率高等特点，内部采用环氧树脂封装成一体，能在各种恶劣环境下可靠地工作。霍尔开关作为一种新型的电器配件，可应用于接近开关、压力开关、里程表等各种电气控制场合。

相关知识四　四工位刀架控制线路原理

1．刀架换刀过程

刀架换刀过程

刀架换刀时由三相异步电动机驱动，额定电压为 AC380V，换刀时电机先正转，到位后再反转一定时间，实现刀架的定位和锁紧，完成换刀动作。换刀基本过程如下：

（1）	执行换刀操作后，系统立即输出刀架正转信号“TL+”控制电机开始正转，同时系统开始检测刀位信号。
（2）	当系统检测到目标刀位信号后，系统关闭“TL+”输出信号，随即延迟一小段由 PMC 参数设定的时间。
（3）	延迟时间到后，系统输出刀架反转信号“TL-”，接着再延迟一段由 PMC 参数设定的时间。
（4）	延迟时间到后，系统关闭刀架反转信号“TL-”，换刀过程结束。

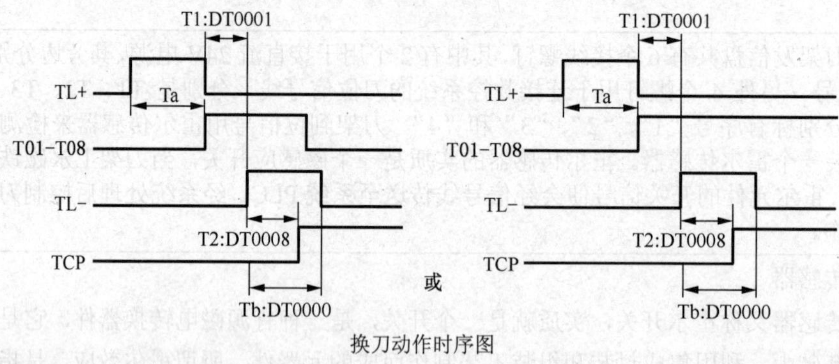

换刀动作时序图

线路调试

根据如下换刀原理，对刀架进行调试：

按一下换刀按键（X4.3）→输出刀架正转信号 Y6.6→KA1 吸合→KM1 吸合→KM1 主触头闭合→刀架电机正转→发信盘反馈刀位信号→系统检测到目标刀位信号→停止输出 Y6.6→延时设定时间 T1→输出刀架反转信号 Y6.7→KA2 吸合→KM2 吸合→刀架电机反转锁紧→延时设定时间 T2→停止输出 Y6.7→换刀结束。

调试时，可依次按下如下按键：“系统”键→［PMC］软键→［PMCDGN］软键→［STATUS］软键，打开 PMC 状态诊断画面，检查换刀指令信号（X4.3、）、刀位信号（X8.0～X8.3）、刀架转位指令信号（Y6.6、Y6.7）的状态。

2. 刀架外围控制电路

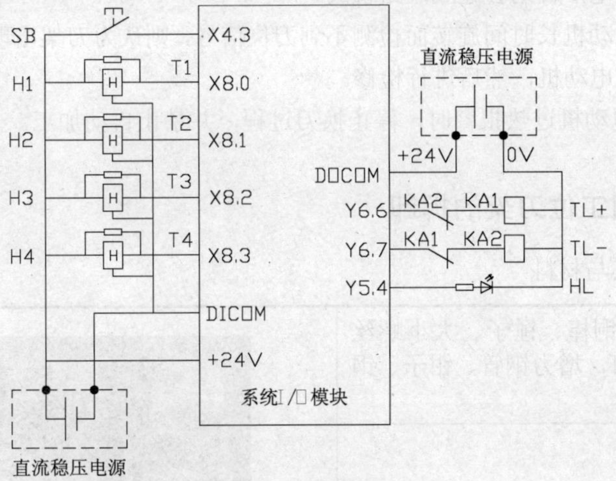

刀架信号电路图

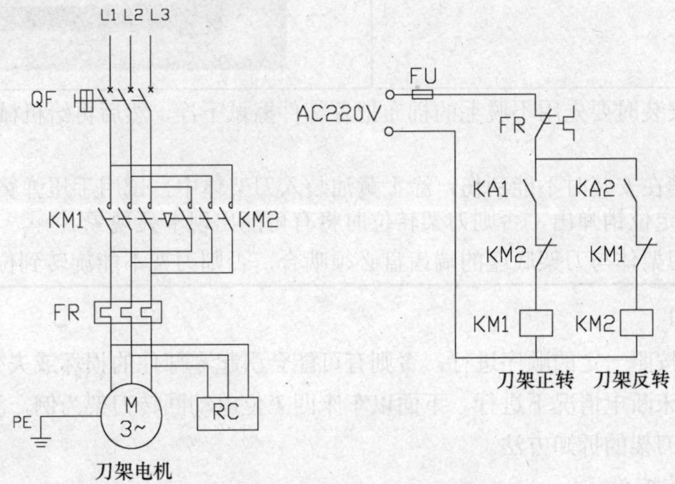

刀架控制主电路和控制电路图

上图中各元器件的名称、作用如下表：

序号	名称	含　义
(1)	M(3～)	刀架电动机（三相交流）
(2)	QF	带短路保护的电源空气开关（断路器）
(3)	KM1、KM2	刀架电动机正、反转控制交流接触器
(4)	KA1、KA2	刀架电动机正、反转控制直流中间继电器
(5)	H1～H4	刀位检测霍尔开关
(6)	SB	手动换刀启动按钮
(7)	RC	三相灭弧器
(8)	FR	电机过载保护热继电器
(9)	HL	手动换刀按键指示灯

注意（1）刀架控制电路接线时务必在外围线路设联锁保护，保证刀架正反转控制接触器不能同时得电，否则会造成短路事故。

（2）刀架电动机长时间旋转而检测不到刀位信号，则认为刀架出现故障，此时应立即停止刀架电动机，然后进行检修。

（3）刀架电动机过热报警时，停止换刀过程，并禁止自动加工。

相关知识五　四工位刀架的拆卸

1．准备相关工具与材料

工具	六角扳手、铜棒、锤子、大小螺丝刀、M6 螺钉、增力钢管、钳子、钢盆、毛刷等。	
材料	润滑脂、煤油、绝缘胶布、棉布等。	
安装注意事项	① 刀架安装时要先用不脱毛的棉布把各部件擦拭干净，然后再给机械部件上防锈油和润滑脂。 ② 定位销在安装时不能刮伤，涂上黄油装入刀架体中，试用手压弹簧，观察弹簧是否能灵活将定位销弹出，否则刀架转位时将有可能出现卡死现象。 ③ 注意刀架体与刀架底座的端齿盘必须啮合，否则刀架不能旋转到位。	

2．刀架的拆卸

刀架的拆卸应按照一定的顺序进行，否则有可能会引起零部件的损坏或失效。为安全起见，刀架拆卸时应在机床断电情况下进行。下面以车床四工位电动回转刀架为例，了解回转刀架的基本结构，学习回转刀架的拆卸方法。

步骤 1：拆上防护盖

上防护盖有保护刀架内部结构和提示刀号的作用，用“十”字螺丝刀拧下四颗固定螺钉即可，如图 11-13 所示。

图 11-13　刀架上防护盖的拆卸

步骤 2：拆发信盘连接线如图 11-14 所示。

图 11-14 发信盘导线的拆卸

注意：发信盘上一共有 6 根连线，其中两根是 DC24V 电源线，一般“+”极连线为红色，“-”极连线为黄色或白色，两根电源线一定要做好绝缘处理，以免中途上电造成短路。发信盘上 6 个接线柱上均标有字符，而且 6 根连线颜色不一致，为提高安装时的效率，在导线拆卸前最好作好记录。

步骤 3：拆发信盘锁紧螺母

把工具放在螺母拆卸辅助孔上，轻轻旋出锁紧螺母，然后便可拆出发信盘，如图 11-15 所示。

图 11-15 发信盘锁紧螺母的拆卸

步骤 4：拆磁钢

磁钢是一块永久磁铁，用螺钉固定在一个塑料圈上，塑料圈底部装有橡胶密封圈，拆卸时注意防护。用螺丝刀把塑料圈固定螺钉拆卸下来即，如图 11-16 所示。

图 11-16 刀架磁钢

步骤 5：拆转位盘锁紧部件

转位盘锁紧部件包括锁紧螺钉、止动螺母、轴承固定盘、键、端面轴承，按顺序依次拆出即可，如图 11-17 所示。

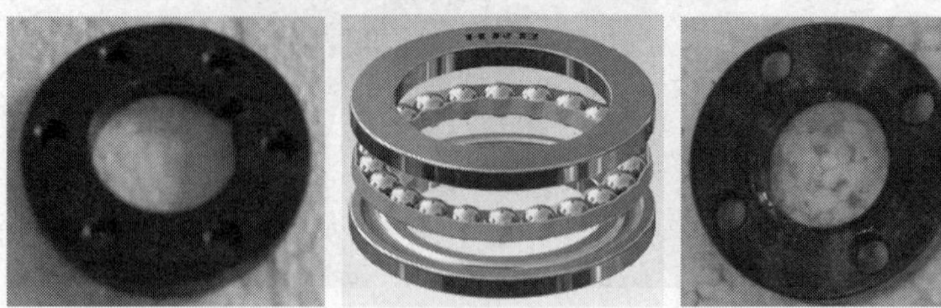

图 11-17 转位盘锁紧部件

步骤 6：拆转位盘

转位盘锁紧部件拆完后即可看到转位盘，转位盘上除两个插销孔外，还有两个工艺孔，把两颗螺钉旋进去即可方便拆出转位盘，如图 11-18 所示。

图 11-18 转位盘的拆卸

步骤 7：拆刀架体

由于刀架一般处于锁紧状态，拆卸时应先手工拧松刀架，然后才可旋出整个刀架体。

刀架左侧端面与电机轴轴线延伸方向相交部位有一手动转刀螺钉，用六角扳手即可进行手动转刀操作。用“一”字螺丝刀拆开侧盖螺钉，把六角扳手伸至转刀螺钉，然后按顺时针方向转动扳手，刀可进行手动松刀（抬刀），如图 11-19 所示。

（1）拆松刀架体

图 11-19 手动转刀

（2）旋出刀架体

刀架体拆松到一定程度之后，刀架端齿盘便会脱开，此时用双手按逆时针方向转动刀架体即可旋出刀架体，如图 11-20 所示。

图 11-20　旋出刀架体

注意：

① 刀架体质量较大，在旋转刀架体至丝杠顶端时应用双手承载刀架体的重量，以避免损伤丝杠副末端螺纹。

② 拆刀架体时应避免销孔内细小部件的遗失，刀架体销孔内含有球头销、弹簧和粗定位销各两件，刀架体拆出后立即取出集中放置。

③ 刀架体拆出后应颠倒或侧立放置，以免损坏底部定位端齿盘，如图 11-21 所示。

图 11-21　刀架体颠倒放置

步骤 8：拆粗定位盘

刀架体旋出后，用合适规格的六角扳手拧下粗定位盘上的锁紧螺钉，如图 11-22 所示。

图 11-22　拆粗定位盘上锁紧螺钉

粗定位盘上也有两个含 M6 螺纹的工艺孔，锁紧螺钉完全拆下后，把两颗螺钉拧进去也可方便取出粗定位盘，如图 11-23 所示。

粗定位盘取出后，即可看见内部的黄蜗轮，蜗轮与刀架丝杠通过紧键连接。由于蜗轮表面作成弧形包住蜗杆，加上刀架轴的固定作用，此时蜗轮尚无法拆出。丝杠与蜗轮通过键连成一体，下称蜗轮—丝杠，在蜗轮取出后再进行拆分。

步骤 9：拆刀架底座

刀架底座由四颗螺钉固定，拆卸力矩比较大，当用六角扳手扭不动时可加一增力钢管辅助拆卸，如图 11-24 所示。

图 11-23　粗定位盘的取出

图 11-24　刀架底座的拆卸

刀架底座右侧连接有信号线和电源线，固定螺钉拆下后，为拆下刀架轴，把刀架底座原位直立放置，但是移动幅度不可太大，以免损坏连接导线。

步骤 10：拆刀架轴和蜗轮—丝杠

刀架轴中空设计，内通发信盘连接导线，拆刀架轴时应先将内部导线拉出一部分或全部，再用螺丝刀拆下刀架轴固定螺钉，此时即可取出刀架轴，如图 11-25 所示。

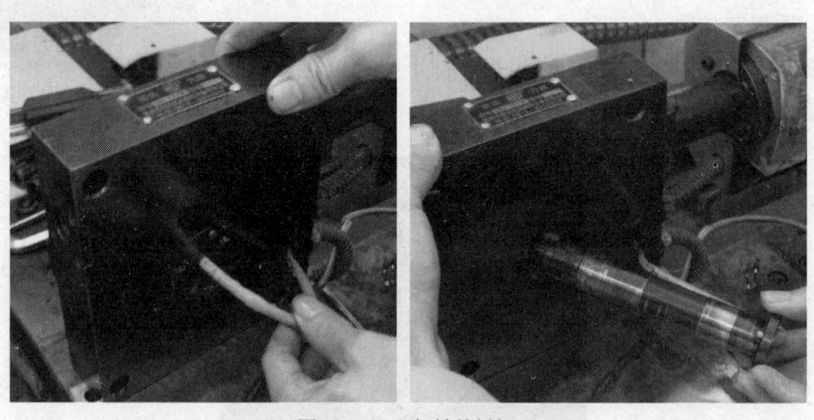

图 11-25　刀架轴的拆卸

注意：在取出刀架轴时应防止前端蜗轮—丝杠的掉落。刀架轴取出后，即可拿出蜗轮—丝杠和底部的端面轴承，如图 11-26 所示。

步骤 11：拆分丝杠—蜗轮

刀架轴取出后，即可取出蜗轮—丝杠和端面轴承。丝杠与蜗轮通过紧键联接，必须用敲打的方法分离丝杠—蜗轮。敲打时用手托住蜗轮，然后敲击中心的丝杠，如图 11-27 所示。

图 11-26 丝杠—蜗轮和端面轴承

图 11-27 丝杠—蜗轮的拆分

注意：

① 为避免敲击对零件造成损伤，敲打工具禁用铁锤，应用铜棒取代之。

② 手托蜗轮-丝杠的高度不可太高，并在下方垫一软布。

步骤 12：其他部件的拆卸

根据需要，还可拆下刀架电机、联轴器、蜗杆等部件进行清洗保养，在此不再详细论述。

注意：

在刀架的拆卸过程中，应将各零部件集中放置，特别注意细小零件的存放，避免遗失。

相关知识六 四工位刀架的保养与安装

刀架是数控车床的执行部件，换刀动作频繁，良好的保养工作对刀架的使用寿命和加工精度有直接的影响。刀架的机械结构比较复杂，为保证刀架的使用性能，应定期对刀架进行保养。保养工作的内容主要是清洗、防锈和润滑。

1. 刀架的保养

步骤 1：清洗

清洗时，用煤油或柴油把刀架零部件上的油污洗去，然后用棉布擦干或风干。当油污比较多时，先用布把油污擦去然后再进行清洗，如图 11-28 所示。

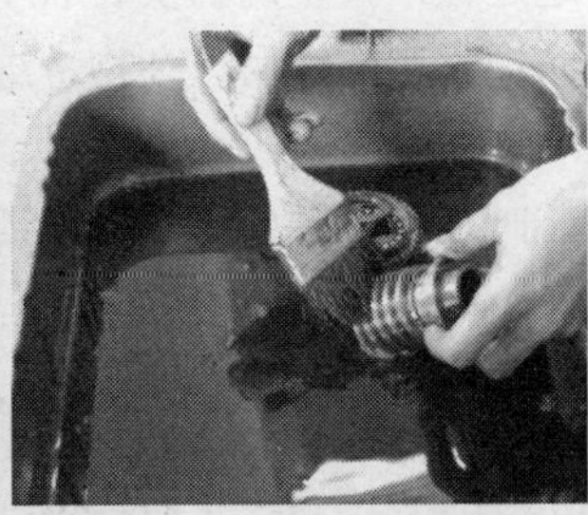

图 11-28 刀架零部件的清洗

步骤 2：润滑和防锈

油脂具有润滑和防锈的作用，把各零部件清洗干净后，要在刀架上各相对运动部位、啮合部位涂上适量润滑脂，在各安装面等易生锈表面涂上防锈油，如图 11-29 所示。

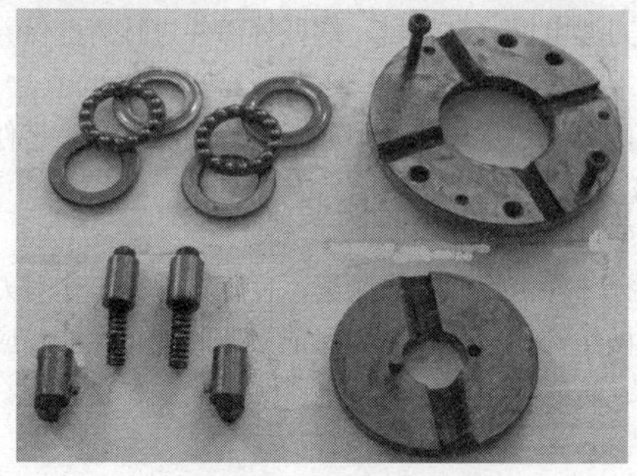

图 11-29　零部件的润滑和防锈

2．刀架的安装

刀架的安装基本上是拆卸的逆过程，按正确的安装顺序把刀架装好即可。在操作时要注意保持双手的清洁，并注意零部件的防护，避免铁屑、杂物带进刀架，并防止在回装时敲坏零部件。

步骤 1：连接丝杠和蜗轮

丝杠与蜗轮通过键联接，安装时把两者键槽对准，把键的半圆端朝下，置于键槽中，然后用铜棒把键轻轻敲入即可，如图 11-30 所示。

图 11-30　丝杠与蜗轮的联接

步骤 2：丝杠—蜗轮与刀架轴的安装

当丝杠与蜗轮连接在一起之后，把端面轴承放进蜗轮底部圆槽，并均匀涂上润滑脂，这也可以防止下一步安装时轴承脱出。

安装时先把丝杠—蜗轮放进刀架底座，保证蜗轮与蜗杆正确啮合，然后安装刀架轴。刀架轴上有定位销孔，对准后用铜棒轻轻敲平底面，如图 11-31 所示。

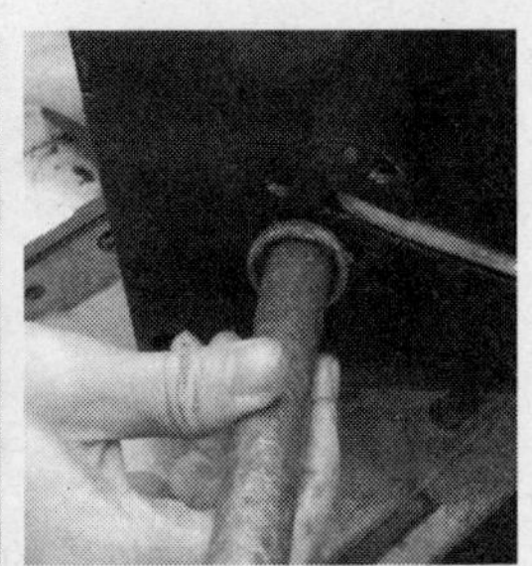

图 11-31　丝杠—蜗轮与刀架轴的安装

步骤 3：刀架底座的安装

刀架底座在安装时应先用棉布把安装面擦干净，然后在表面均匀涂一层防锈油。最后把刀架底座平放于安装面，上好固定螺钉即可，如图 11-32 所示。

图 11-32　刀架安装面的防锈

步骤 4：粗定位盘的安装

粗定位盘上也有两个定位销孔，安装时利用定位销可以实现准确定位，而且定位位置是唯一的，定位销对准销孔后，用铜棒轻轻敲实，然后再把固定螺钉拧紧即可，如图 11-33 所示。

图 11-33　粗定位盘的安装

步骤 5：固定插销的安装

转位盘固定插销为圆柱销，安装比较容易，把插销装入丝杠销孔底部即可，如图 11-34 所示。

图 11-34　固定插销的安装

步骤 6：粗定位销的安装

粗定位销上还有一工艺销钉，用于防止错误安装，安装粗定位销时把孔朝下，工艺销钉对准刀架体上小槽。装入后，再到表面涂一些润滑脂，以防止在后续刀架体安装操作中粗定位销滑落，如图 11-35 所示。

图 11-35　粗定位销及其安装

步骤 7：刀架体的安装

刀架体相当于一个与丝杠配合的螺母，回装刀架体时，按顺时针方向旋下，旋至底部端面齿相接触时为止，此时刀架处于放松状态，但这并不影响后续操作，如图 11-36 所示。

图 11-36　刀架体的安装

步骤 8：安装弹簧、球头销

刀架体上有两个传动销孔，在每个孔内依次放入弹簧、球头销，并用手轻压，保证销能在销孔内灵活滑动，如图 11-37 所示。

图 11-37　弹簧、球头销的安装

步骤 9：安装转位盘

转位盘的安装与拆卸操作相反。由于球头销内部有弹簧，为方便转位盘及后续部件的安装，可在保证固定插销对准转位盘销孔的基础上，适当调整刀架体位置，使球头销对准转位盘的凹槽，如图 11-38 所示。

图 11-38　转位盘的安装

步骤 10：其他部件的安装

用力压下转位盘后，按拆卸操作的相反顺序依次装上端面轴承、键、轴承固定盘、止动螺母、锁紧螺钉、磁钢、发信盘、、发信盘连线即可。

注：由于发信盘上霍尔元件的位置与刀架开始反转锁紧的位置息息相关，因此此时发信盘锁紧螺母先不用锁紧，通电试验换刀动作，转动发信盘让换刀锁紧动作稍有反转即可，然后再拧紧发信盘锁紧螺母。

步骤 11：结束

刀架换刀动作正常后，再把刀架上端防护盖装回，注意调整盖上刀位号（左前角数字）与系统显示刀号一致。收好工具材料，清理场地，刀架安装结束，如图 11-39 所示。

图 11-39　防护盖上的刀位号

■ 拓展问题

通过四工位刀架的学习，请你查看资料了解六工位刀架的控制原理、机械结构。四工位刀架与六工位刀架有什么区别？

FANUC 常见故障诊断方法与排除

随着在前面的任务中对数控设备连接与调试有了基本的认识，但在数控机床运行中，经常出现机床故障，根据设备的故障现象，在掌握数控系统各部分工作原理的前提下，通过对故障诊断方法与排除的学习，对现行的状态进行分析，并辅以必要检测手段，查明故障的部位和原因并提出有效的维修对策。

■ **项目学习目标**

1. 能判断机床故障产生的原因。
2. 能查阅相关书籍与资料分析故障。
3. 灵活利用诊断信息对机床故障进行排除。

■ **项目课时分配**

14 学时

■ **本任务工作流程**

1. 导入新课。
2. 检查讲评学生完成导读工作页情况。
3. 常用机床故障诊断的方法。
4. 组织学生对常见机床故障的维修。
5. 巡回指导学生实习。
6. 结合生产车间机床进行故障排除。
7. 组织学生“拓展问题”讨论。
8. 本任务学习测试。
9. 测试结束后，组织学生填写活动评价表。
10. 小结学生学习情况。

■ **任务所需器材**

计算机、数控维修实训台 12 台、数控机床 6 台、电工工具、电工常用耗材、本任学习测试资料。

■ 课前导读（阅读教材、查询资料在课前完成）

1. 数控机床的运行环境

（1）机床的位置应避免阳光直接照射、热辐射、潮湿和气流的影响，应无尘、无油雾和金属粉末、而且空气流通。

（2）电网满足数控机床正常运行所需总容量的要求，电压波动范围为90%～110%以内。例如一台CJK6140的数控车床电力需求为：（　　）相（　　　　）V。

（3）数控机床的环境温度应在（　　　　），相对湿度小于（　　　）。

（4）良好的接地，接地电阻小于（　　　）Ω。

（5）远离强电磁干扰如焊机、大型吊车、高中频设备等。

（6）远离振动源，高精度数控机床做基础时，要有防震槽，防震槽中一定要填充砂子或炉灰。

2．数控机床的点检

点检是按有关维护文件的规定，对数控机床进行定点、定时的检查和维护，请完成数控车床维护与保养点检表的填空（见表12-1）。

表12-1　数控车床维护与保养点检表

序号	点检部位	点检方法	点检基准	处置
（1）	主开关	目视、测试		清扫、紧固、测试、更换
（2）	配电柜		无杂物、无灰尘、无变色、无糊味、无积水、滤网清洁、制冷系统正常	柜内清洁、制冷效果良好、柜门密封良好
（3）	柜内空气开关	目视、测试	本体完好、无变色杂物、机构动作灵敏	
（4）	柜内熔断器	目视、测试、搬动		清扫、紧固、更换
（5）	柜内继电器、接触器	目视、测试、搬动	接线不得松动、动作灵敏、无杂物	
（6）	安全继电器	目视、测试、搬动		清扫、紧固、更换
（7）	CNC系统及接口		不得松动、检测灵敏、指示正常	紧固、更换
（8）	伺服单元变压器、变频器	目视、搬动、听觉		清扫、测量、更换
（9）	执行电机	目视、搬动、听觉		清扫、测量、更换
（10）	同步带V型带	目视、手触	皮带无破损，无脏物，张紧度适中	
（11）	液压系统	目视、测试		更换、调整
（12）	润滑点	目视		加注润滑油

■ 情境描述

如图12-1所示数控车床，点检和日常维护是保证设备正常的基础，但在使用过程中因工作环境，操作不当等会引起设备故障，接下来对数控设备常见故障的排除进行学习。

■ 任务实施

任务实施一　电源模块报警

系统出现401报警（VRDY OFF），如图12-2所示。

原因分析（见图12-3）：

（1）伺服准备信号（VRDY）没有接通，或在运行中信号中断，发生报警。

（2）伺服系统可能有其它报警发生，如果是这种情况，应排除别的报警。

（3）检查放大器外围的强电回路，或者伺服放大器及CNC侧的轴控制卡出故障。

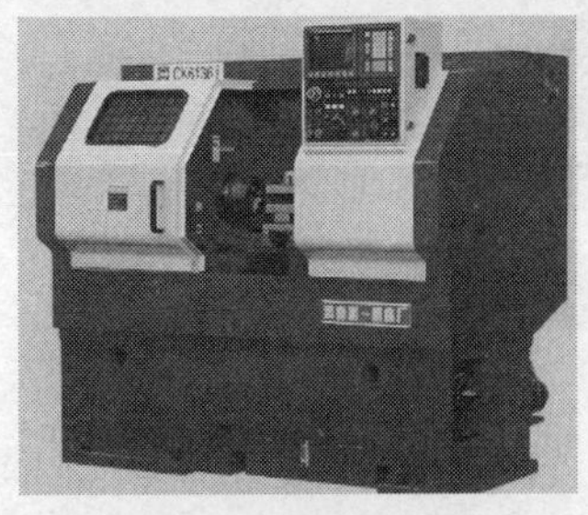

图 12-1 数控机床

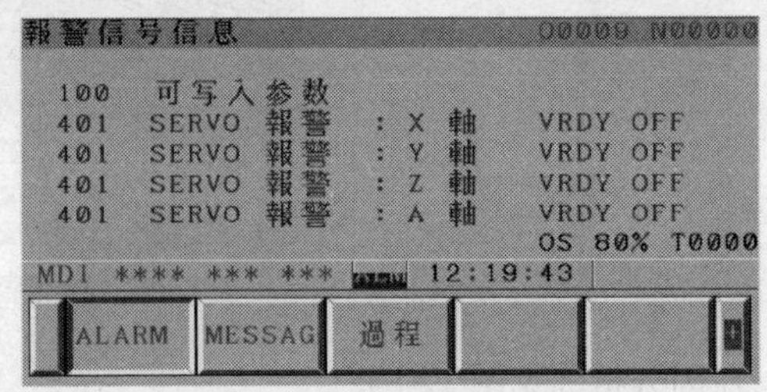

图 12-2 401 报警（VRDY OFF）

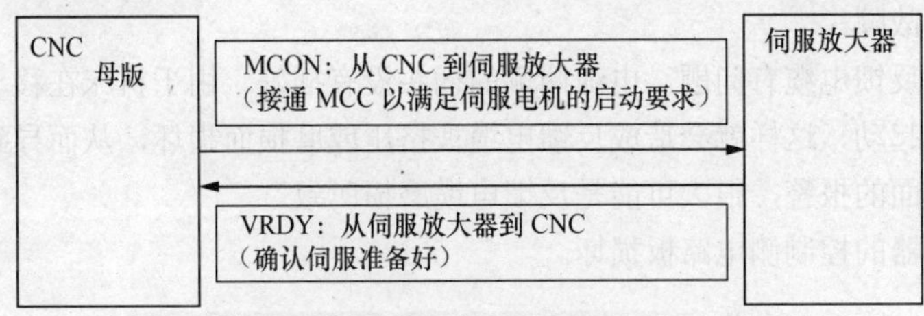

图 12-3 CNC 与伺服放大器的连接

解决方案（见图 12-4）：

（1）PSM 和 SPM 电源是否正常，是否存在报警。

（2）检查电源模块 PSM 的插头 CX3（MCC 控制信号）和 CX4（外部急停*ESP）是否正常。

（3）检查电源模块 PSM 本身或主轴放大器和伺服放大器是否有故障。

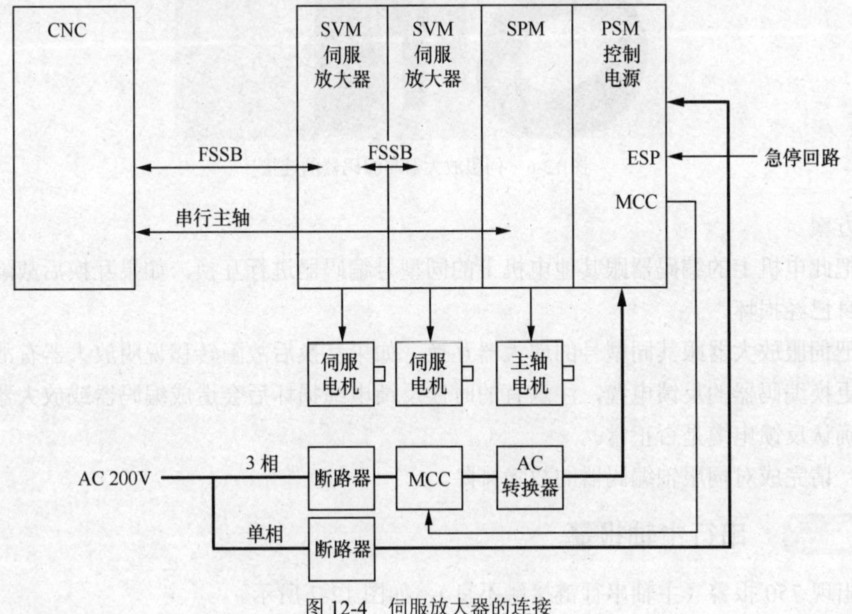

图 12-4 伺服放大器的连接

实施：请完成对电源模块的故障排除。

任务实施二 伺服轴报警

伺服轴出现 368 报警（串行数据错误），如图 12-5 所示。

图 12-5　368 报警（串行数据错误）

原因分析（见图 12-6）：

（1）电机后面的编码器有问题，如果客户的加工环境很差，有时会有切削液或液压油浸入编码器中导致编码器故障。

（2）编码器的反馈电缆有问题，电缆两侧的插头没有插好。由于机床在移动过程中，坦克链会带动反馈电缆一起动，这样就会造成反馈电缆被挤压或磨损而损坏，从而导致系统报警。尤其是偶然的编码器方面的报警，很大可能是反馈电缆磨损所致。

（3）伺服放大器的控制侧电路板损坏。

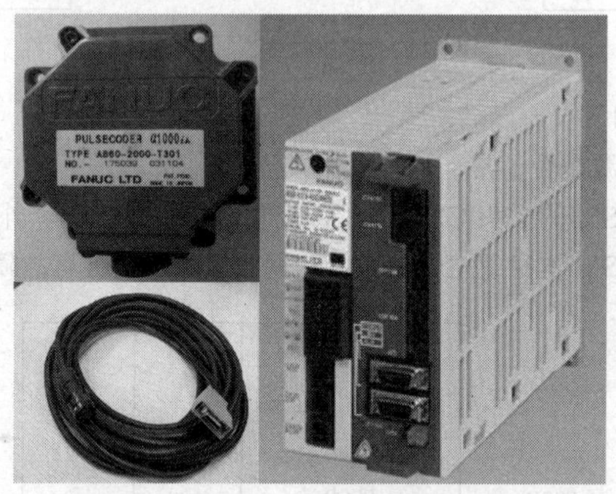

图 12-6　伺服放大器与编码器的连接

解决方案

（1）把此电机上的编码器跟其他电机上的同型号编码器进行互换，如果互换后故障转移说明编码器本身已经损坏。

（2）把伺服放大器跟其同型号的放大器互换，如果互换后故障转移说明放大器有故障。

（3）更换编码器的反馈电缆，注意有的时候反馈电缆损坏后会造成编码器或放大器烧坏，所以最好先确认反馈电缆是否正常。

实施：请完成对伺服轴编码器的故障排除。

任务实施三　串行主轴报警

主轴出现 750 报警（主轴串行链接触不良），如图 12-7 所示。

原因分析（见图 12-8）：

（1）接通 CNC 电源时串行主轴放在器（SPM）没有在正常的启动状态。

（2）连接电缆接触不良、连线错误、接线错误。

（3）参数设定错误。

图 12-7　750 报警（主轴串行链接触不良）

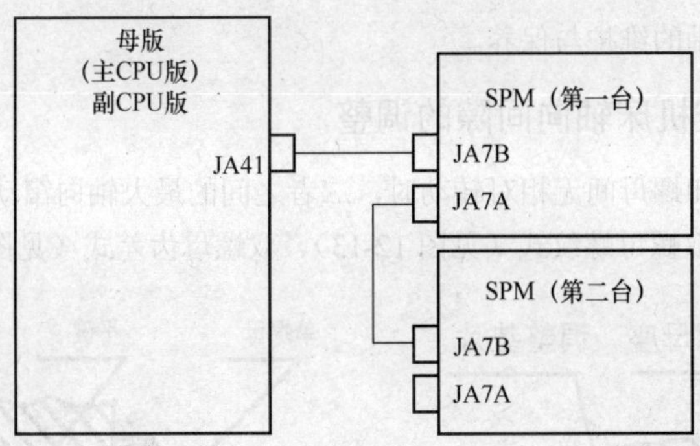

图 12-8　CNC 与 SPM 的连接

（4）主轴放大器不良。

解决方案（如图 12-9 所示）：

（1）确定放大器的状态，排除放大器故障原因。

（2）确定电缆是否如上图所示连接。

（3）确认电缆的连接是否牢固卡紧。

（4）查阅诊断号 409 以及 439 详细内容。

	#7	#6	#5	#4	#3	#2	#1	#0
0409					SPE	S2E	S1E	SHE

SPE　0：主轴串行控制中的串行主轴参数满足主轴放大器的启动条件。

　　1：主轴串行控制中的串行主轴参数没有满足主轴放大器的启动条件。

S2E　0：主轴串行控制的启动中，第二主轴端正常。

　　1：主轴串行控制的启动中，在第二主轴检测出异常。

S1E　0：主轴串行控制的启动中，第一主轴端正常。

　　1：主轴串行控制的启动中，在第一主侧检测出异常。

SHE　0：CNC 端串行通信控制电路正常。

　　1：CNC 端串行通信控制电路检测出异常。

图 12-9　解决方案

实施：请完成对串行主轴的故障排除。

任务实施四　主轴维护与保养

数控机床主轴的有同步齿形带传动主轴（见图 12-10）和齿轮变速传动主轴（见图 12-11）。

图 12-10　同步齿形带传动主轴

图 12-11　齿轮变速传动主轴

实施：请完成对主轴的维护与保养。

任务实施五　数控机床轴向间隙的调整

轴向间隙是指丝杠和螺母间无相对转动时，二者之间的最大轴向窜动量预紧的方法有双螺母垫片式（见图 12-12）、双螺母螺纹式（见图 12-13）、双螺母齿差式（见图 12-14）。

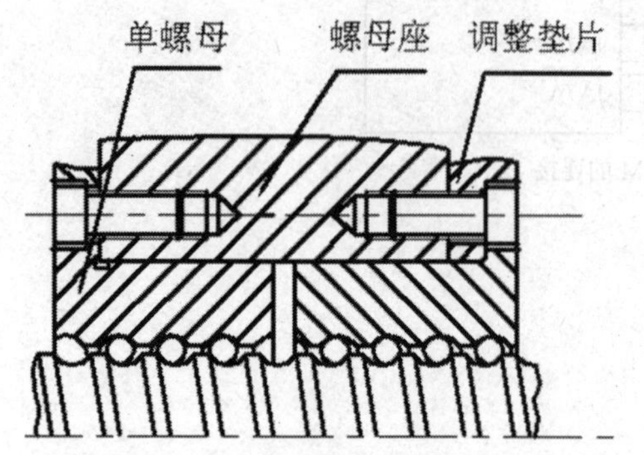

图 12-12　双螺母垫片式

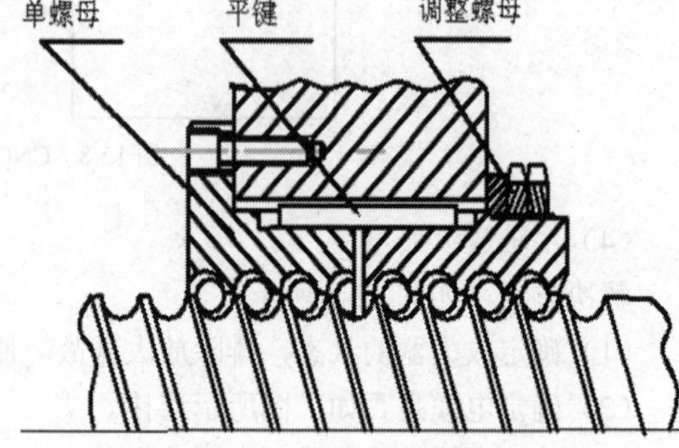

图 12-13　双螺母螺纹式

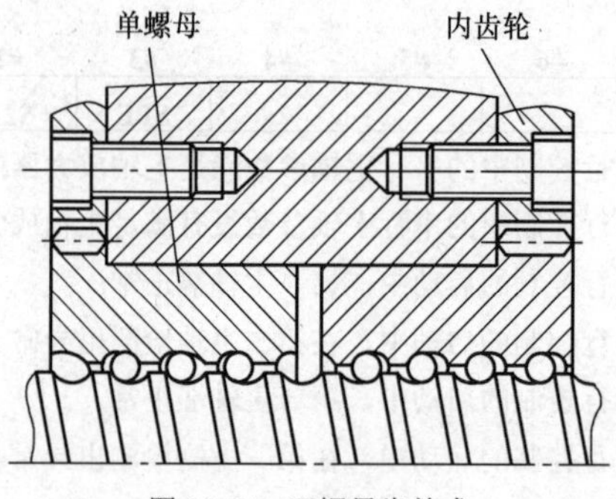

图 12-14　双螺母齿差式

实施：请完成对丝杠轴向间隙的调整。

任务实施六　数控机床导轨预紧

数控机床导轨预紧常有过盈法（见图 12-15）和调整元件法（见图 12-16）。

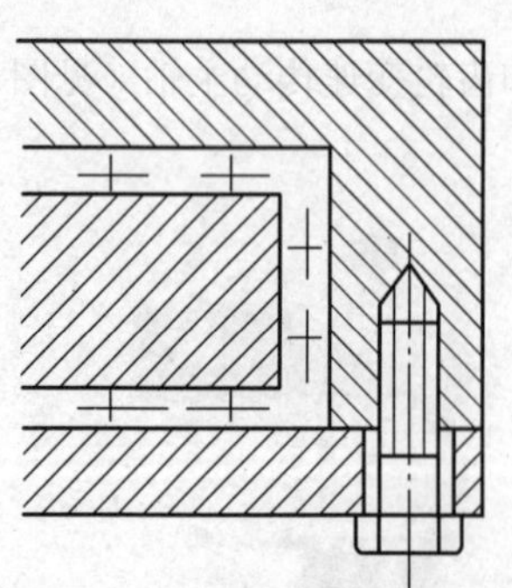

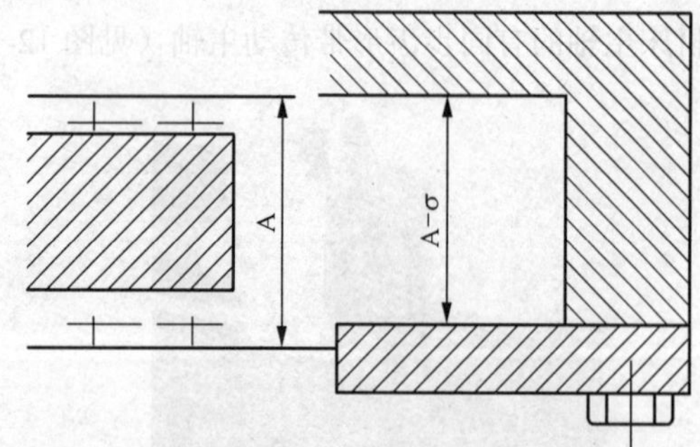

图 12-15　过盈法

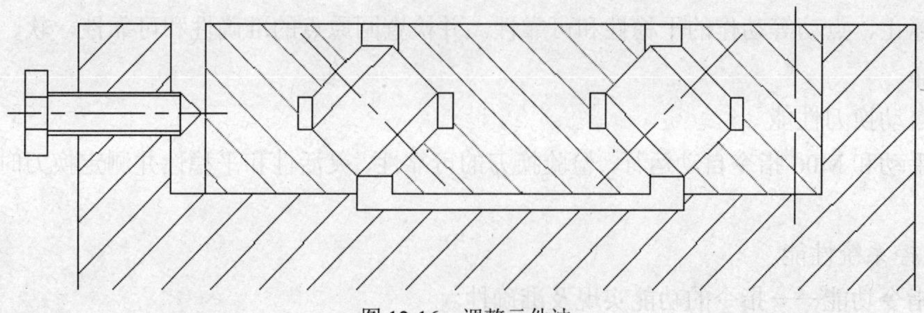

图 12-16　调整元件法

实施：请完成对丝杠轴向间隙的调整。

■ 活动评价

表 12-2　　职业功能模块教学项目过程考核评价表

专业：数控系统连接与调试		班级：	学号：				姓名：
项目名称:							
评价项目	评价标准	评价依据（信息、佐证）	评价方式		权重	得分小计	总分
			小组评分	个人评分			
			20%	80%			
职业素质	1．遵守管理规定、学习纪律、安全操作规程 2．按时完成学习及工作任务、工作积极主动、勤学好问	1．考勤 2．工作及学习态度			20%		
专业能力	1．课前导读完成情况（10 分） 2．电源模拟故障排除（15 分） 3．串行主轴故障排除（15 分） 4．伺服轴故障排除（15 分） 5．主轴间隙的调整（20 分） 6．进给轴间隙的调整（15 分） 7．分析刀库的控制过程（10 分）	1．项目完成情况 2．相关记录			80%		
个人评价	学员签名：　　　　日期:						
教师评价	教师签名：　　　　日期:						

■ 相关知识

相关知识一　数控机床性能

1．机床机械性能

（1）主轴性能

手动操作—高、中、低三挡转速连续进行五次正、反转的起动、停止，检验其动作的灵活性和可靠性。观察功率、转速、主轴的准停及机床的振动情况。

（2）进给性能

通过回原点、手动操作和手动数据输入方式操作，检验正、反向的低、中、高速的进给运动的起动、停止、点动等动作的平稳性和可靠性。并检查回原点的准确性和可靠性，软、硬限位是否确实可靠。

（3）自动换刀性能

通过手动和 M06 指令自动运行，检验换刀的可靠性、灵活性和平稳性并测定换刀时间是否符合要求。

2．数控系统性能

（1）指令功能——指令的功能实现及准确性。

（2）操作功能——检验回原点、执行程序、进给倍率、急停等功能的准确性。

（3）CRT 显示功能——检验位置、程序、各种菜单显示功能。

（4）进行 8～16 小时的空载自动连续运行。

（5）数控系统外观检查（各部分破损、碰伤）。

（6）控制柜元器件的紧固检查（接插件、接线端子、元器件的固定）。

（7）输入电源电压、相序的确认。

（8）检查直流输出电压（24V、5V）。

（9）确认数控系统与机床侧的接口。

（10）确认数控系统各参数的设定（最佳性能）。

3．数控机床精度检测

（1）静态精度检验

是综合反映机床关键零部件经组装后的综合几何形状误差。有各坐标轴的相互垂直度、台面的平行度、主轴的轴向和径向跳动等检验项目。

（2）定位精度检验

是测量机床各坐标轴在数控系统控制下所能达到的位置精度。有直线运动定位精度、直线运动重复定位精度、直线运动的原点复归精度、直线运动失动量、回转工作台的定位精度、回转工作台的重复分度精度、数控回转工作台的失动量、回转工作台的原点复归精度等。

（3）切削精度检验

外圆车削（直径、圆度）端面车削（平面度）螺纹车削（螺距积累误差）等。

相关知识二 诊断用技术资料

数控机床的技术资料对故障分析与诊断非常重要，必须认真仔细地阅读，并对照机床实物，做到心中有数。一旦机床发生故障，在进行分析的同时查阅资料。数控机床生产厂家必须向用户提供安装、使用与维修有关的技术资料，主要有：

《数控机床电气使用说明书》、《数控机床电气原理图》、《数控机床电气连接图》、《数控机床结构简图》、《数控机床参数表》、《数控机床 PLC 控制程序》、《数控系统操作手册》、《数控系统编程手册》、《数控系统安装与维修手册》、《伺服驱动系统使用说明书》。

相关知识三 数控系统故障诊断方法

1．直观法

问——机床的故障现象、加工状况等。

看——CRT 报警信息、报警指示灯、熔丝断否、元器件烟熏烧焦、电容器膨胀变形、开裂、保护器脱扣、触点火花等。

听——异常声响（铁芯、欠压、振动等）。

闻——电气元件焦糊味及其他异味。

摸——发热、振动、接触不良等。

2．C 系统的自诊断功能

开机自诊断——内部自诊断程序通电后自动执行对 CPU、存储器、总线和 I/O 模块及功能板、CRT、软盘等外围设备进行功能测试，确定主要硬件能正常工作。例运行中的故障信息提示—发生故障在 CRT 上报警信息，查阅维修手册确定故障原因及排除方法（不唯一，信息丰富则准确）

3．状态检查

CNC 系统的自诊断不但能在 CRT 上显示故障报警信息，而且还能以多页“诊断地址”和“诊断数据”的形式提供机床参数和状态信息。

接口检查：系统与机床、系统与 PLC、机床与 PLC 的输入/输出信号，接口诊断功能可将所有开关量信号的状态显示在 CRT 上，“1”表示通，“0”表示断。利用状态显示可以检查数控系统是否将信号输出到机床侧，机床侧的开关信号是否已输入到系统，从而确定故障是在机床侧还是在系统侧。

参数检查：数控机床的机床参数是经一系列的试验和调整而获得的重要参数，是机床正常运行的保证。包括有增益、加速度、轮廓监控及各种补偿值等。当机床长期闲置不用或受到外部干扰会使数据丢失或发生数据混乱，机床将不能正常工作。可调出机床参数进行检查、修改或传送。

4．报警指示灯显示故障

除 CRT 软报警外，还有许多“硬件”报警指示灯，分布在电源、主轴驱动、伺服驱动 I/O 置上，由此可判断故障的原因。

5．替换板置换法（替代法）

用同功能的备用板替换被怀疑有故障的模板（故障被排除或范围缩小）。

注意：断电状态下/选择开关/跨线一致

6．模块互换法

将功能相同的模板或单元相互交换，观察故障的转移情况，就能快速判断故障的部位。

7．功能程序测试法

当数控机床加工造成废品而无法确定是编程、操作不当还是数控系统故障时，或是闲置时间较长的数控机床重新投入使用时。将 G、M、S、T、F 功能的全部指令编写一个试验程序并运行在这台机床，可快速判断哪个功能不良或丧失。

相关知识四 FANUC 报警列表的分类

ANUC 0i 数控系统报警分类，如表 12-3 所示。

表 12-3 系统报警分类表

错误代码	报警分类
000～255	p/s 报警（参数错误）
300～349	绝对脉冲编码器（apc）报警

续表

错误代码	报警分类
350～399	串行脉冲编码器（spc）报警
400～499	伺服报警
500～599	超程报警
700～749	过热报警
750～799	主轴报警
900～999	系统报警
1000～1999	机床厂家根据实际情况在 pm(l)c 中编制的报警
200～2999	机床厂家根据实际情况在 pm(l)c 中编制的报警信息
5000 以上	p/s 报警（编程错误）

相关知识五　机械故障故障诊断方法

数控机床在机械结构上和普通机床不同点在于传动链缩短，传动部件的精度高，机械维护的面更广，主轴、进给轴、导轨和丝杠、刀库和换刀装置、液压和气动等。熟悉机械故障的特征，掌握数控机床机械故障的诊断的方法和手段，还要注意数控机床机电之间的内在联系。

1．机械故障的原因

机床在运行过程中，机械零部件受到力、热、摩擦以及磨损等诸多因素的作用，使其部件偏离或丧失原有的功能。

2．机械故障诊断

机床运行状态的识别、运行状态的信号获取、特征参数的分析，故障性质的判断和故障部位的确定。

实用诊断技术

问——操作者（渐/突发故障现象、加工件的情况、传动系统的运动和动力、润滑、保养和检修情况）。

看——机床的转速变化、工件的表面粗糙度和振纹、颜色伤痕等明显症状。

听——机床运转声（强弱、频率高低等）。

闻——润滑油脂氧化蒸发油烟气焦糊气。

触——用手感来判别机床的故障（温升、振动、伤痕和波纹、爬行、松紧）。

实用诊断技术在机械故障的诊断中具有实用简便、快速有效的特点，但诊断效果的好坏在很大程度上要凭借维修技术人员的经验，而且有一定的局限性，对一些疑难故障难以奏效。

相关知识六　主轴的维护与常见主轴故障的排除

1．主轴的维护

循环润滑方式：液压泵供油强力润滑和油脂润滑。

油气润滑方式：定时定量把油雾送进轴承空隙中。

喷注润滑方式：较大流量的恒温油喷注到主轴轴承（大容量恒温油箱）。

2．常见主轴故障现象及原因（见表 12-4）

表 12-4　常见主轴故障

常见主轴故障现象及原因		
序号	故障现象	故障原因
（1）	主轴发热	轴承损伤或不清洁、轴承油脂耗尽或油脂过多、轴承间隙过小
（2）	主轴强力切削停转	电机与主轴传动的皮带过松、皮带表面有油、离合器松
（3）	润滑油泄漏	润滑油过量、密封件损伤或失效、管件损坏
（4）	主轴噪声（振动）	缺少润滑、皮带轮动平衡不佳、带轮过紧、齿轮磨损或啮合间隙过大、轴承损坏
（5）	主轴没有或润滑不足	油泵转向不正确、油管或滤油器堵塞、油压不足
（6）	刀具不能夹紧	蝶形弹簧位移量太小、刀具松夹弹簧上螺母松动
（7）	刀具夹紧后不能松开	刀具松夹弹簧压合过紧、液压缸压力和行程不够

相关知识七　滚珠丝杠螺母副的维护与故障排除

1．滚珠丝杠螺母副的维护

（1）轴向间隙的调整

保证反向传动精度和轴向刚度（垫片调隙式、螺纹调隙式、齿差调隙式）。

（2）轴承的定期检测

检查定期检查丝杠支承与床身的连接是否有松动以及轴承是否损坏。

（3）滚珠丝杠副的润滑

润滑剂（油/脂）可提高耐磨性和传动效率（工作前/半年）。

（4）滚珠丝杠的防护

防止硬质灰尘或切屑污物的进入，可采用防护罩或防护套管等。

2．滚珠丝杠螺母副故障诊断（见表 12-5）

表 12-5　滚珠丝杠螺母副故障

常见滚珠丝杠螺母副故障现象及原因		
序号	故障现象	故障原因
1	噪声大	丝杠支承轴承损坏或压盖压合不好、联轴器松动、润滑不良或丝杠副滚珠有破损
2	丝杠运动不灵活	轴向预紧力太大，丝杠弯曲变形、丝杠和螺母与导轨不平行

相关知识八　滚珠丝杠螺母副的维护与故障排除

1．导轨副的维护

（1）间隙调整

保证导轨面之间合理的间隙，摩擦力大小、磨损，运动失去准确性和平稳性、失去导向精度）

（2）滚动导轨的预紧

提高刚度、消除间隙

（3）导轨的润滑

降低摩擦系数、减少磨损、防止导轨面锈蚀。

润滑方式：人工加油、油杯供油、压力油润滑

润滑油：黏度变化小、润滑性好、油膜刚度

（4）导轨的防护

防止切屑、磨粒或冷却液散落在导轨上而引起磨损、擦伤、和锈蚀，导轨面上应有可靠的防护装置。常用的有刮板式、卷帘式和叠层式防护罩。需要经常进行清理和保养。

2．导轨故障诊断（见表 12-6）

表 12–6　常见导轨故障

常见导轨故障现象及原因		
序号	故障现象	故障原因
（1）	导轨研伤	地基与床身水平有变化使局部载荷过大、长期短工件加工局部磨损严重、导轨润滑不良、导轨材质不佳、刮研不符和要求、导轨维护不良落入脏物
（2）	丝杠运动不灵活	轴向预紧力太大，丝杠弯曲变形、丝杠和螺母与导轨不平行
（3）	移动部件卡死	导轨面研伤、导轨压板研伤、镶条与导轨间隙太小
（4）	加工面接刀处不平	导轨直线度超差、工作台塞铁松动或塞铁弯度过大、机床水平度差使导轨发生弯曲

相关知识九　刀库及换刀装置的维护与故障排除

1．刀库与换刀机械手的维护要点

（1）严禁把超重、超长的刀具装入刀库，防止机械手换刀时掉刀或发生碰撞。

（2）不管什么方式选刀时，刀具号要和刀库上所需刀具一致。

（3）手动方式放往刀库上装刀时，要确保装到位、装牢靠。刀座上的锁紧也要可靠。

（4）经常检查刀库的回零位置是否正确，主轴回换刀点位置到位，及时调整。

（5）要保持刀具刀柄和刀套的清洁。

（6）开机时，应先使刀库和机械手空运行，检查各部分工作是否正常（行程开关、电磁阀、液压系统的压力等）。

2．刀库及换刀装置的故障排除（见表 12-7）

表 12–7　常见刀库及换刀装置故障排除

常见刀库及换刀装置故障现象及原因		
序号	故障现象	故障原因
（1）	刀库刀套不能卡紧刀具	刀套上的调整螺母位置不对
（2）	刀库不能旋转	电机和蜗杆轴联轴器松动
（3）	刀具从机械手中脱落	刀具超重、机械手卡紧销损坏或没有弹出来
（4）	刀具交换时掉刀	换刀时主轴没有回到换刀点
（5）	换刀速度过快或过慢	气压太高或太低和节流阀开口太大或太小

■ 拓展问题

加工中心刀库由数控系统的 PMC 进行控制作，请利用软件 FAPT LADDER-Ⅲ对 PMC 程序进行在线监控，并分析刀库的控制过程。

FANUC 综合调试

数控机床综合调试主要包括数控机床电路调试、参数调试、机械部分调试三大部分。根据前面所学的课程，我们基本上可以将一台数控车床外围线路进行调试安装，但想要加工符合要求的工件还存在着很多问题，比如：参数设置不合理、加工精度差等。这就需要我们对机床基本参数以及相关机械部分调试，对机床进行综合调试。

■ 项目学习目标

1. 系统参数的类型以及基本参数。
2. 了解数控机床机械传动部件基本组成。
3. 掌握系统参数的修改方法以及相关参数修改。
4. 掌握机械传动部件的安装及调试。

■ 项目课时分配

18 学时

■ 本任务工作流程

1. 导入新课。
2. 检查讲评学生完成导读工作页情况。
3. 对照参数修改方法在系统上，进行参数修改作业示范。
4. 组织学生进行参数修改以及机械安装调试作业实习。
5. 结合进行部件实物及影像资料，进行理论讲解。
6. 巡回指导学生实习。
7. 组织学生“拓展问题”讨论。
8. 本任务学习测试。
9. 测试结束后，组织学生填写活动评价表。
10. 小结学生学习情况。

■ 任务所需器材

系统参数、机械传动部件影像资料及课件、FANUC 数控维修实训台 5 台、数控车床 5 台、本任务学习测试资料。

■ 课前导读（阅读教材查询资料在课前完成）

1. 通过查看资料以及数控机床编程与操作的学习，写出参数操作画面（见图 13-1）5 个不同按钮的作用（见表 13-1）。

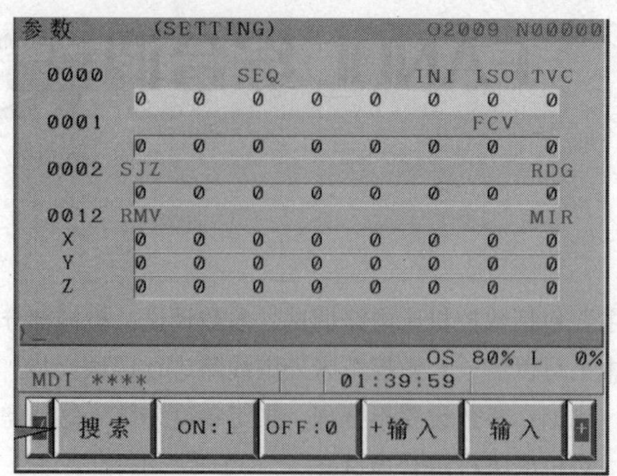

图 13-1 FANUC 数控机床参数操作画面

表 13–1 按钮功能

序号	名称	功能
（1）	搜索	
（2）	ON:1	
（3）	OFF:0	
（4）	+输入	
（5）	输入	

2．如图 13-2 所示的两种分别是什么轴承？你还认识哪些轴承，它们有什么特点？

图 13-2 轴承

■ 情境描述

李师傅在加工一个零件，加工完后发现零件某些尺寸出现了问题，李师傅以为是操作出现问题，所以又重新加工了一个，这次加工李师傅非常细心，结果最好加工出来的零件还是跟之前一样，零件出现了相同的问题，为什么会这样？经过维修师傅对机床的检修后，李师傅的加工的零件问题也没有了，想知道维修师傅做了些什么吗（见图 13-3）？

图 13-3 工件加工

■ 任务实施

任务实施一 参数设置方法

不同的数控系统，参数的修改设置方法也不同，只有掌握了正确的修改方法我们才能成功设置参数，所以了解系统参数设置方法是非常必要的，如图 13-4 所示。

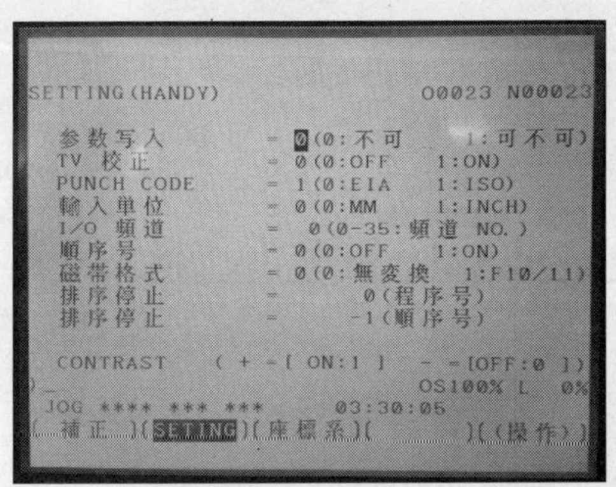

图 13-4 参数开关画面

1．参数的显示方法：

（1）按 MDI 面板的功能键几次或者一次后，再按软键［参数］，选择参数页面。

（2）从键盘输入想显示的参数号，然后按软键［搜索］。可以显示指定的参数所在页面。光标在指定的参数位置上。

2．MDI 方式设定参数

（1）将 NC 置于 MDI 方式下。

（2）或按下急停开关，使机床处于急停状态。

（3）按以下步骤使参数处于可写状态。

① 按功能键一次或几次后，再按软键［SETTING］，可显示参数设定页面。

② 将光标移至“参数写入”处

③ 设定“参数写入”=1，按软键［0N:1］，或者直接输入 1，再按软键［输入］，这样参数成为可写入的状态。同时 CNC 产生 P/S100 报警（允许参数写入）。

④ 如果参数设定完毕，需将参数设定页面的“参数写入=”设定为 0，禁止参数设定。

讨论：如果在修改参数的时候发现参数开关无法打开应该怎么办？

____

____

____

实施：根据系统参数修改方法，在数控系统上进行参数的修改操作。

任务实施二　系统参数全清后的参数设置

如果数控系统参数发生混乱，数控机床将无法进行正常工作，这时就需要进行系统参数全部清除恢复出厂值，然后在进行参数重新设置。如图 13-5 所示。

上电全清：

步骤 1：当系统第一次通电时，最好是先做个全清（上电时，同时按 MDI 面板上 RESRT+DEL）。

步骤 2：上电后会出现比较多的报警，包括 100,506,507,417,750 等一系列的报警。

步骤 3：设置系统相关参数。

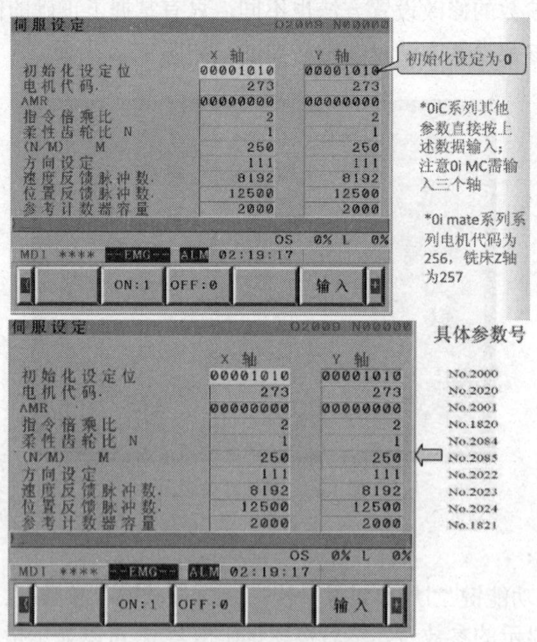

图 13-5　设置伺服相关参数

实施：在数控系统上进行参数全部清除以及相关修改操作。

任务实施三　进给系统机械传动要求

进给系统机械传动结构如图 13-6 所示，数控机床的进给运动是数字控制的直接对象，不论点位控制还是轮廓控制，工件的最终加工精度都受进给运动的传动精度、灵敏度和传动稳定性的影响。为此数控机床的进给系统应满足如下要求：

（1）减少摩擦阻力

（2）提高运动的精度和刚度

（3）减小运动惯量

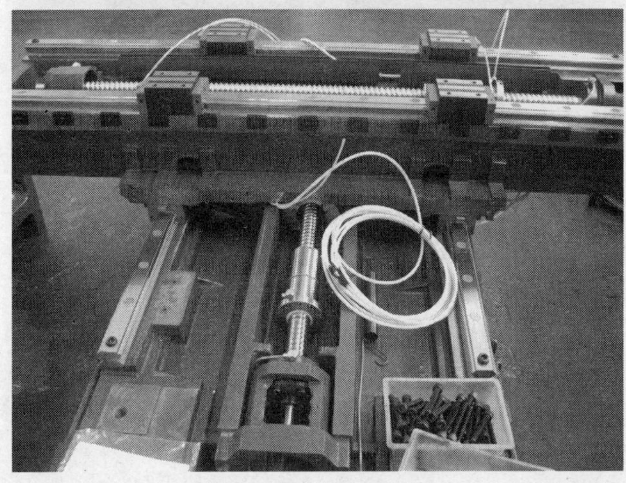

图 13-6

讨论：工件的最终加工精度都受进给运动的传动精度、灵敏度和传动稳定性的影响。为此数控机床的进给系统应满足哪些要求？

____

____

____

任务实施四　进给系统机械传动部件

数控机床进给伺服系统的机械传动部件是将伺服电动机的旋转运动转变为工作台或刀架直线运动，以实现进给运动的机械传动部件。如图 13-7 所示，主要包括伺服电机与丝杠的联接装置、滚珠丝杠螺母副及其固定或支承部件、导向元件和润滑辅助装置等。

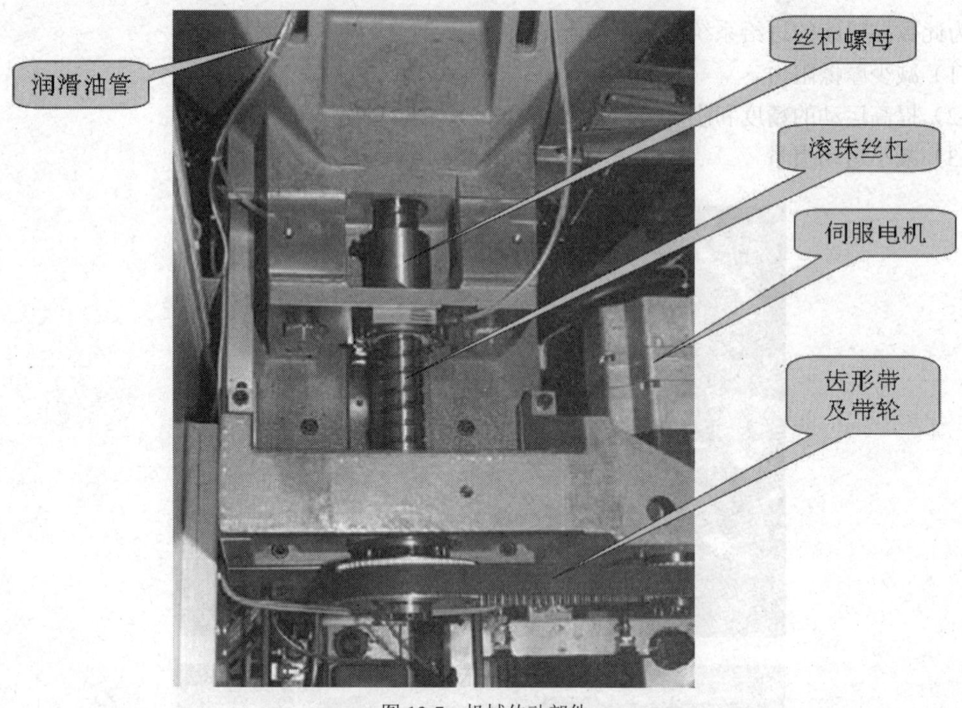

图 13-7 机械传动部件

1．伺服电机与滚珠丝杠的连接装置

数控机床伺服电机与丝杠的常用联接装置有联轴器、同步带和减速器，实际中根据机床的具体要求进行选择。

2．滚珠丝杠螺母副：丝杠的预紧与消隙

3．角接触球轴承：（1）分离型角接触球轴承。

（2）非分离型角接触球轴承。

（3）成对配置的角接触球轴承。

4．丝杠支承的预紧：（1）轴承预紧的目的。

（2）轴承预紧的原理。

讨论： 在数控机床机械传动部件中联轴器、同步带、滚珠丝杠以及滚珠丝杠螺母分别起到什么作用？应如何选择？

____

____

实施： 请在数控车床上进行 Z 轴与 X 轴机械传动部件的拆装操作。

任务实施五　数控机床反向间隙的补偿方法

由于数控机床的传动链大多采用滚动摩擦副，所以这方面的故障大多表现为运动品质下降而造成。

1．丝杠固定轴承间隙的测量和调整

（1）将一粒滚珠置于滚珠丝杠端部的中心孔上，然后用千分表的表头顶住滚珠，如图 13-8 所示。

（2）将机床操作面板上的工作方式置于手动方式（JOG）。

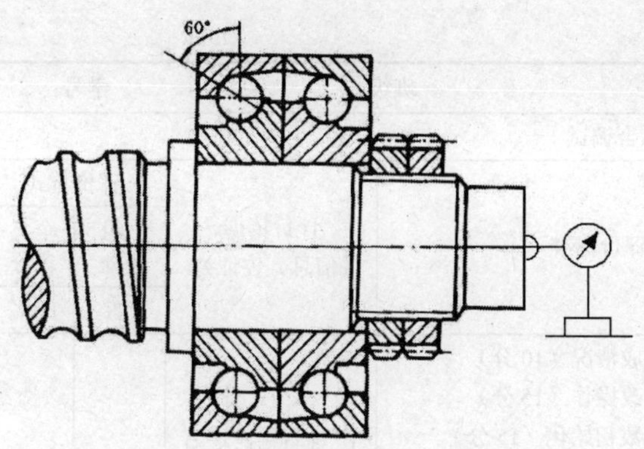

图 13-8 丝杠固定轴承间隙的测量

（3）按相应轴的正、负移动键，观察千分表在移动轴换向时的偏差值，该偏差值即为滚珠丝杠的轴向窜动误差，亦即丝杠固定轴承的间隙。

2．切削进给间隙的测量

（1）开机，并执行机床返回参考点操作，然后将机床各轴移回约中点的位置。

（2）录入程序，控制机床以切削进给速度移动到测量点，如：G91 G01 X100 F250。

（3）安装千分表，把千分表触头对准移动部件的正侧一方，并将表针调到“0”刻度位置。

（4）录入新程序，控制机床沿同一方向以切削进给速度移动 100mm。

（5）录入新程序，从停留位置沿相反方向以相同切削进给速度返回测量点。

（6）读出千分表的刻度值。此值为反向偏差，实际上包括了传动链中的总间隙，反映了其传动精度。

（7）按检测单位换算切削进给方式的间隙补偿量（A），并设定在参数 No.1851 中。

讨论：在进行反向间隙补偿操作过程中应注意哪些事项？

____

____

____

实施：请在数控车床上进行 Z 轴与 X 轴进行反向间隙补偿操作。

■ 活动评价

表 13-2　　职业功能模块教学项目过程考核评价表

专业：数控系统连接与调试　　班级：　　学号：　　姓名：

项目名称：FANUC 0i-TC 综合调试

评价项目	评价标准	评价依据（信息、佐证）	评价方式		权重	得分小计	总分
			小组评分	个人评分			
			20%	80%			
职业素质	1．遵守管理规定、学习纪律、安全操作规程 2．按时完成学习及工作任务、工作积极主动、勤学好问	1．考勤 2．工作及学习态度			20%		

续表

专业：数控系统连接与调试		班级：	学号：				姓名：
项目名称：FANUC 0i-TC 综合调试							
评价项目	评价标准	评价依据（信息、佐证）	评价方式		权重	得分小计	总分
			小组评分	个人评分			
			20%	80%			
专业能力	1．课前导读完成情况（10分） 2．系统参数修改操作（15分） 3．完成系统参数初始化（15分） 4．进行Z轴与X轴机械传动部件的拆装（30分） 5．进行Z轴与X轴进行反向间隙补偿操作（30分）	1．项目完成情况 2．相关记录			80%		
个人评价	学员签名： 日期：						
教师评价	教师签名： 日期：						

■ 相关知识

相关知识一 系统参数设置

不同的数控系统，参数的修改设置方法也不同，只有掌握了正确的修改方法我们才能成功设置参数，所以了解系统参数设置方法是非常必要的，下面我们来了解一下 FANUC 系统参数的设置方法。

1．FANUC 数控系统参数的分类与功能

参数类型：

FANUC 数控系统的参数按照数据的形式大致可分为位型和字型。其中位型又分位型和位轴型，字型又分字节型、字节轴型、字型、字轴型、双字型、双字轴型共 8 种。轴型参数允许参数分别设定给各个控制轴。

数据类型	有效数据范围	备注
位型	0 或 1	
位轴型		
字节型	-128～127	在一些参数中不使用符号
字节轴型	0～255	
字型	-32768～32767	在一些参数中不使用符号
字轴型	0～65535	
双字型	-99999999～99999999	
双字轴型		

参数的显示方法：

（1）按 MDI 面板的功能键一次或者几次后，再按软键［参数］，选择参数页面。

（2）从键盘输入想显示的参数号，然后按软键［搜索］。可以显示指定的参数所在页面。光标在指定的参数位置上。

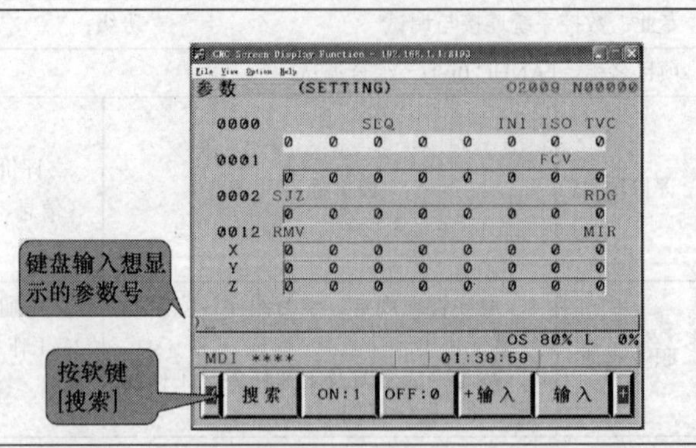

2．MDI 方式设定参数

（1）将 NC 置于 MDI 方式下

（2）或按下急停开关，使机床处于急停状态

（3）按以下步骤使参数处于可写状态

① 按功能键一次或几次后，再按软键［SETTING］，可显示参数设定页面。

② 将光标移至“参数写入”处。

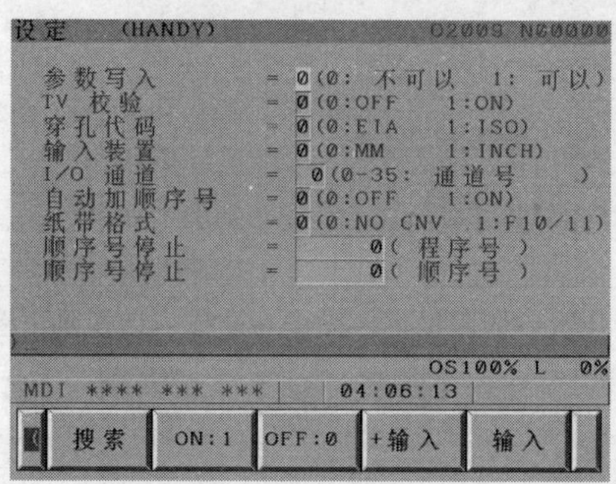

③ 设定“参数写入”=1，按软键（0N:1），或者直接输入 1，再按软键（输入），这样参数成为可写入的状态。同时 CNC 产生 P/S100 报警（允许参数写入）。

④ 如果参数设定完毕，需将参数设定页面的“参数写入=”设定为 0，禁止参数设定。

注意：*解除 100 号报警方法：按下 RESET+CAN 或只按下 RESET（由参数设定）。

*参数修改后：若出现 000 号报警，需关系统电源；对轴参数进行设置后，需要关设备总电源。

相关知识二 系统参数全清设置

1．上电全清以后的参数设置

上电全清：

步骤 1：当系统第一次通电时，最好是先做个全清（上电时，同时按 MDI 面板上 RESRT+DEL）。

步骤 2：上电后会出现比较多的报警，包括 100、506、507、417、750 等一系列的报警。

参数设置过程

步骤 1：

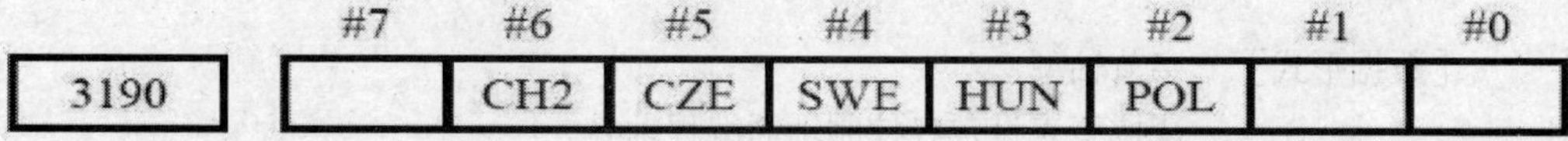

	#7	#6	#5	#4	#3	#2	#1	#0
3190		CH2	CZE	SWE	HUN	POL		

CH2 简体汉语显示

0：不显示

1：显示

3190#6 设 1 0i D 系列 03281 设 15

*初学者可以先设置此参数，并将系统电源重启，界面会转换为中文（不完全），方便操作

步骤 2：SYSTEM 按几次→伺服设定→操作→选择→切换到下图

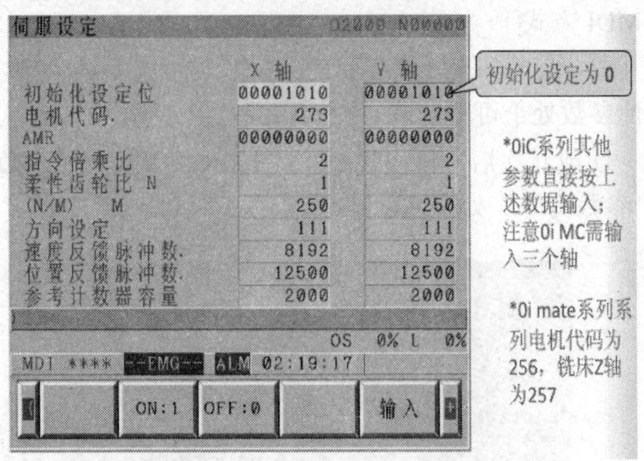

步骤 3：SYSTEM 按几次→伺服设定→操作→选择→切换到下图

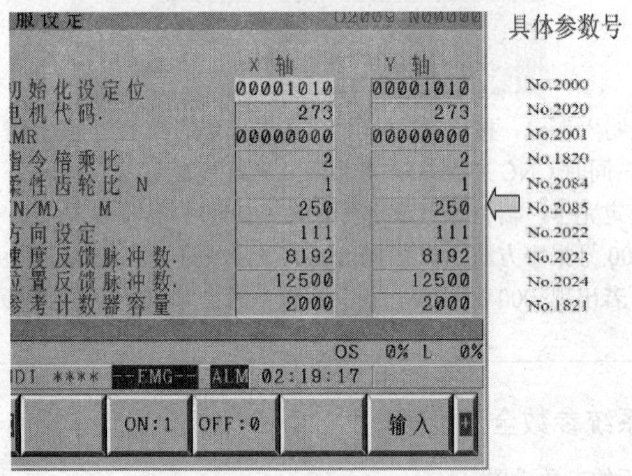

具体参数号

No.2000
No.2020
No.2001
No.1820
No.2084
No.2085
No.2022
No.2023
No.2024
No.1821

1010	CNC 控制轴数

1010 铣床设 3 车床设 2 0i D 在 8130 设置

1020	各轴的编程名称

［数据形式］ 字节轴型

请按下表设定各控制轴的编程轴名

轴名称	设定值	轴名称	设定值	轴名称	设定值	轴名称	设定值
X	88	U	85	A	65	E	69
Y	89	V	86	B	66		
Z	90	W	87	C	67		

1020 铣床 88，89，90 车床 88，90

1022	基本坐标系中各轴的属性

设定值	意　义
0	既不是基本 3 轴，也不是其平行轴
1	基本 3 轴中的 X 轴
2	基本 3 轴中的 Y 轴
3	基本 3 轴中的 Z 轴
5	X 轴的平行轴
6	Y 轴的平行轴
7	Z 轴的平行轴

1022 铣床 1，2，3 车床 1，3

1023	各轴的伺服轴号

[数据范围]　1，2，3，……控制轴数

设定各控制轴为对应的第几号伺服轴。

1023 铣床 1，2，3 车床 1，2

1320	各轴存储式行程检测 1 的正方向边界的坐标值
1321	各轴存储式行程检测 1 的负方向边界的坐标值

1320 99999999（调试时）

1321 -99999999（调试时）

2. 除上述参数的修改，系统其他参数不正确也会使系统报警，另外，工作中常常遇到工作台不能回到零点、位置显示值不对或者用 MDI 键盘不能输入刀偏值等数值，这些故障往往和参数有关，因此出现故障时确认 PMC 信号或者线路连接无误，应检查相关参数进行设置。

相关知识三　进给系统机械传动要求

数控机床的进给运动是数字控制的直接对象，不论点位控制还是轮廓控制，工件的最终加工精度都受进给运动的传动精度、灵敏度和传动稳定性的影响。进给传动系统是数控机床最关键的一部分，它在很大程度上决定了零件加工的精度和效率。了解进给传动系统机械结构对数控机床的安装、调试与维修都具有重要作用。本任务重点说明伺服系统与机床间传动系统的机械结构及其基本调整方法..

机床对进给系统的要求

数控机床的进给运动是数字控制的直接对象，不论点位控制还是轮廓控制，工件的最终加工精度都受进给运动的传动精度、灵敏度和传动稳定性的影响。为此数控机床的进给系统应满足如下要求：

（1）减少摩擦阻力

为了提高数控机床进给系统的快速响应性能和运动精度，避免跟随误差和轮廓误差，必须减小运动件之间的摩擦阻力。如作为工作台的传动机构普遍采用滚珠丝杆螺母副；工作台和导轨之间以滚动摩擦代替滑动摩擦；采用液态或气态静压导轨等。

（2）提高运动的精度和刚度

精度：运动精度主要取决于各级传动误差。因而提高精度首先是缩短传动链，减少误差环节；对于使用的传动链，要消除齿轮副、蜗轮蜗杆副、丝杆螺母副等间隙。使得运动反向时运动与指令同步。

刚度：数控机床的特点在于不仅适合于零件的高精度加工，更能完成零件粗加工时的大切削用量的加工，这便要求数控机床有足够的刚度。为满足这一要求，主要是选用零件的合适的材料，合适的结构（如丝杆的直径足够粗、传动齿轮无根切等），同时结构部件还必须有合适的支撑等。避免刚度不足时工作台产生爬行和振动现象，进而影响加工精度。

（3）减小运动惯量

数控机床往往要求机床部件具有对指令的快速响应能力。运动部件的惯量对伺服机构的启动和制动都有影响，尤其是数控机床进行高精度加工时处于高速运动的零部件。因此在满足零部件强度和刚度的前提下，尽可能减轻运动部件的质量。满足数控机床高速切削的要求。

相关知识四　进给系统的传动部件

数控机床进给伺服系统的机械传动部件是将伺服电动机的旋转运动转变为工作台或刀架直线运动，以实现进给运动的机械传动部件。主要包括伺服电机与丝杠的联接装置、滚珠丝杠螺母副及其固定或支承部件、导向元件和润滑辅助装置等。这些部件的传动质量直接关系到机床的加工性能，如图 13-9 所示。

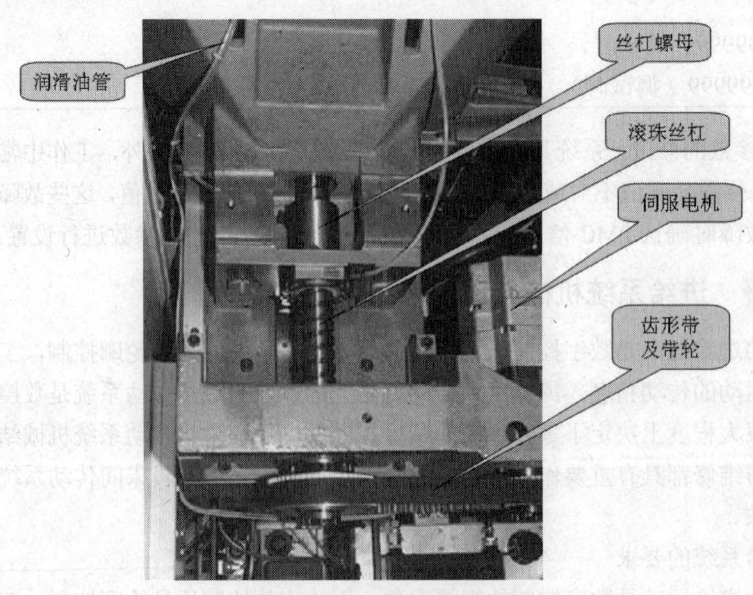

图 13-9　机械传动部件

1．伺服电机与滚珠丝杠的连接装置

目前，数控机床伺服电机与丝杠的常用联接装置有联轴器、同步带和减速器，实际中根据机床的具体要求进行选择，如图 13-10 所示。

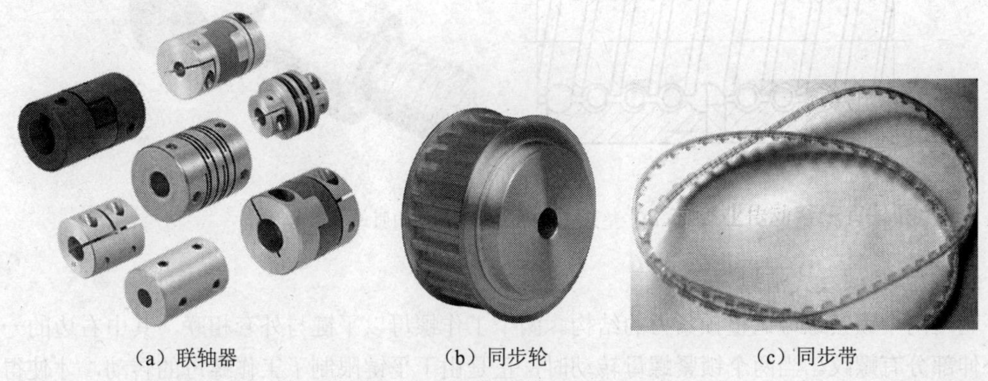

（a）联轴器　（b）同步轮　（c）同步带

图 13-10　电机与丝杠的连接装置

2．滚珠丝杠螺母副

滚珠丝杠螺母副作用是将回转运动转化为直线运动，或将直线运动转化为回转运动。滚珠丝杠传动系统是一个以滚珠作为滚动媒介的滚动传动体系，它是在丝杠与螺母间加入钢球，将传统丝杠的滑动摩擦传动以钢球的滚动运动取代，实现旋转运动与直线运动的相互转换。滚珠丝杠除在数控机床中得到应用外，目前在很多领域都取代了传统的梯形丝杆，广泛应用于电子设备、激光设备、医疗器械、自动化设备等领域，如图 13-11 所示。

图 13-11　丝杠螺母副

滚珠丝杠装配时的注意问题：

滚珠丝杠安装时要进行轴向螺杆预拉，就是在装配时用螺杆两端的锁紧螺母按要求对螺杆的长度方向施加一定的拉力以调整螺杆正反螺母的反向紧度，原因是在螺杆运行升温后，热应力效应会使螺杆伸长，使螺杆的长度变得不稳定。另一方面，有效消除滚珠丝杠的弹性变量可以获得平稳的运动精度。否则在微量进给时当滑鞍或工作台的阻尼力大于螺杆及螺母的弹性力矩时工作台不发生位移，随着不断的进给螺杆及螺母的累积，弹性力矩超过工作台阻尼力矩时工作台产生过冲位移。虽然总的进给量可能不受影响、但实际的步数、每步的进给量与控制器的输出产生误差，其后果是严重影响加工精度。

（1）丝杠的预紧与消隙

滚珠丝杠螺母副除了对本身单一方向的进给运动精度有要求外，对轴向间隙也有严格的要求，以保证反向传动精度。因此，在操作使用中要注意由于丝杠螺母副的磨损而导致的轴向间隙，当间隙出现时应采用调整方法加以消除。

① 双螺母垫片式消隙

原理是通过改变垫片的厚度使螺母产生相对轴向位移，从而使两个螺母分别与丝杆的两侧面贴合。此种形式结构的丝杠由于结构简单、刚度好，应用最为广泛。用这种方法预紧削除轴向间隙时，预紧力一般应为最大轴向负载的 1/3。预紧后，当工作台反向时，由于消除了侧隙，工作台会跟随 CNC 的运动指令反向而不会出现滞后，如图 13-12 所示。

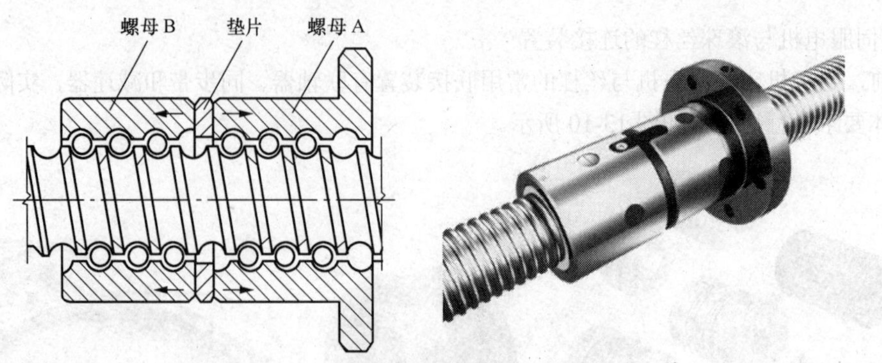

图 13-12　垫片式消隙滚珠丝杠结构原理及其实物

② 双螺母螺纹式消隙

利用两个锁紧螺母调整预紧力的结构。两个工作螺母以平键与外套相联，其中右边的一个螺母外伸部分有螺纹。当两个锁紧螺母转动时，正是由于平键限制了工作螺母的转动，才使得带外螺纹的工作螺母能相对于锁紧螺母轴向移动。间隙调整好后，对拧两锁紧螺母即可。这种结构调整方便，且可在使用过程中随时调整，但预紧力大小不能准确控制。如图 13-13 所示。

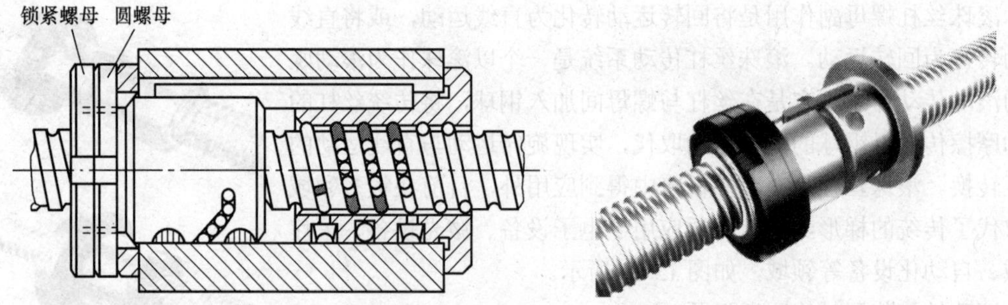

图 13-13　螺纹式消隙滚珠丝杠结构原理及其实物

③ 齿差式消隙

在两个螺母的凸缘上各制有圆柱外齿轮，分别与固紧在套筒两端的内齿圈相啮合，其齿数分别为 Z1、Z2，并相差一个齿。调整时，先取下内齿圈，让两个螺母相对于套筒同方向都转动一个齿，然后再插入内齿圈，则两个螺母便产生相对角位移，如图 13-14 所示。

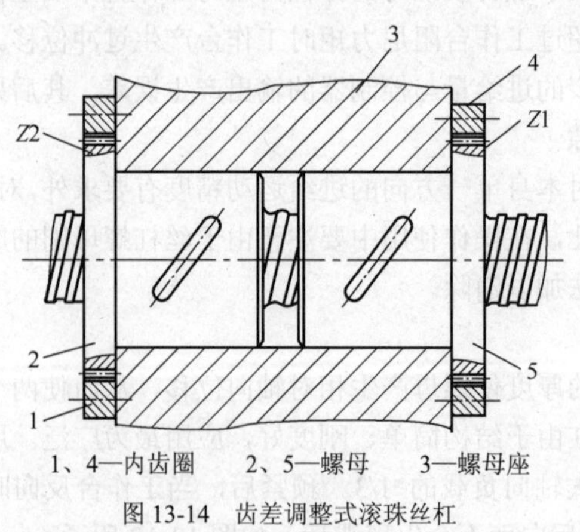

1、4—内齿圈　　2、5—螺母　　3—螺母座

图 13-14　齿差调整式滚珠丝杠

3．角接触球轴承

角接触球轴承，可同时承受径向负荷和轴向负荷，也可以承受纯轴向负荷，极限转速较高，因此在数控机床滚珠丝杠支承上得到了普遍应用。

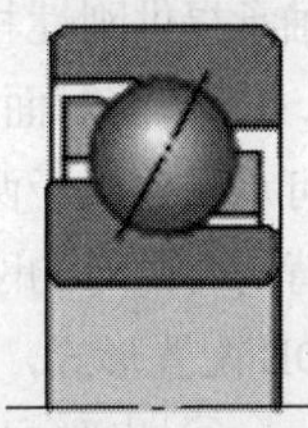
图 13-15　单列角接触球轴承

角接触轴承承受轴向负荷的能力由接触角决定，接触角大，承受轴向负荷的能力高。接触角 α 的定义为，径向平面上连接滚珠和滚道触点的线与一条同轴承轴垂直的线之间的角度。如图 13-15 所示为单列角接触球轴承径向剖面示意图。

角接触球轴承按滚动体的圈数可分单列和双列两种，其中单列的角接触球轴承可以通过一定组合，以满足各种使用场合。单列角接触球轴承常有以下几种结构形式：

（1）分离型角接触球轴承

这种轴承的代号为 S70000，其外圈滚道边没有锁口，可以与内圈、保持架、纲球组件分离，因而可以分别安装。这类多为内径小于 10mm 的微型轴承，用于陀螺转子、微电动机等对动平衡、噪声、振动、稳定性都有较高要求的装置中。

（2）非分离型角接触球轴承

这类轴承的套圈沟道有锁口，所以两套圈不能分离。按接触角分为三种：

① 接触角 α=40°，适用于承受较大的轴向载荷；

② 接触角 α=25°，多用于精密主轴轴承；

③ 接触角 α=15°，多用于较大尺寸精密轴承。

（3）成对配置的角接触球轴承

成对配置的角接触球轴承用于同时承受径向载荷与轴向载荷的场合，也可以承受纯径向载荷和任一方向的轴向载荷。此种轴承由生产厂按一定的预载荷要求，选配组合成对，提供给用户使用。当轴承安装在机器上紧固后，完全消除了轴承中的游隙，并使套圈和纲球处于预紧状态，因而提高了组合轴承的钢性。

单列角接触球轴承可以承受以径向负荷为主的径、轴向联合负荷，也可承受纯径向负荷，除串联式配置外，其他两配置均可承受任一方向的轴向负荷。在承受径向负荷时，会引起附加轴向力。因此一般需成对使用，做任意配对的轴承组合，成对安装的轴承按其外圈不同端面的组合分为：背对背配置、面对面配置、串联配置（也称：O 型配置、X 型配置、T 型配置）三种类型，如图 13-16 所示：

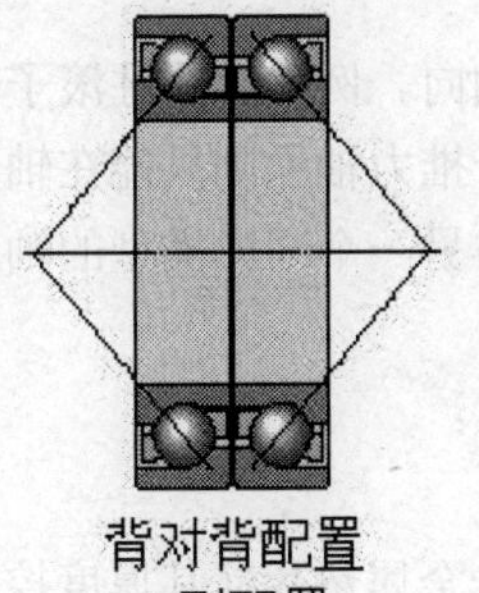
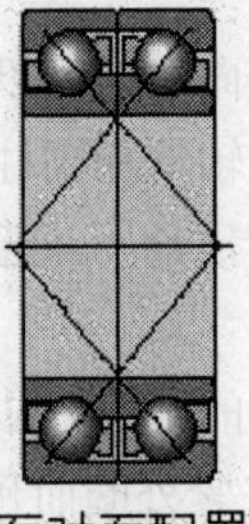
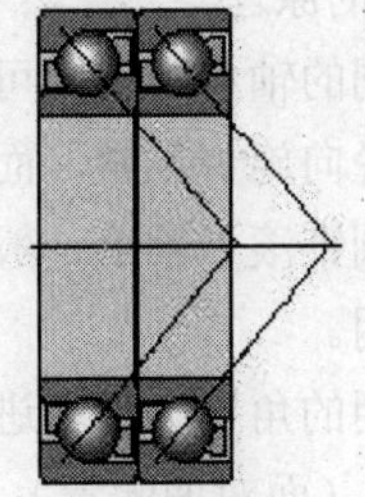

图 13-16　角接触球轴承的配置

① 背对背配置，后置代号为 DB（如 70000/DB），背对背配对的轴承的载荷线向轴承轴分开。

可承受作用于两个方向上的轴向载荷，但每个方向上的载荷只能由一个轴承承受。背对背安装的轴承提供刚性相对较高的轴承配置，而且可承受倾覆力矩。

② 面对面配置，后置代号为 DF（如 70000/DF），面对面配对的轴承的载荷线向轴承轴汇合。可承受作用于两个方向上的轴向载荷，但每个方向上的载荷只能由一个轴承承受。这种配置不如背对背配对的刚性高，而且不太适合承受倾覆力矩。这种配置的刚性和承受倾覆力矩的能力不如 DB 配置形式，轴承可承受双向轴向载荷。

③ 串联配置，后置代号为 DT（如 70000/DT），串联配置时，载荷线平行，径向和轴向载荷由轴承均匀分担。但是，轴承组只能承受作用于一个方向上的轴向载荷。如果轴向载荷作用于相反方向，或如果有复合载荷，就必须增加一个相对串联配对轴承调节的第三个轴承。这种配置也可在同一支承处串联三个或多个轴承，但只能承受单方向的轴向载荷。通常为了平衡和限制轴的轴向位移，另一支承处需安装能承受另一方向轴向载荷的轴承。

以上几种配对组合的轴向间隙可根据需要选择，后置代号 CA 表示轴向间隙较小，CB 表示轴向间隙适中，CC 表示轴向间隙较大。另外，也可按使用要求配置成有预过盈的轴承，并以后置代号 GA、GB、GC 表示。GA 表示配对后有较小的预过盈；GB 表示配对后有中等预过盈；GC 表示配对后有较大的预过盈。

（4）丝杠支承的预紧

丝杠支承的预紧是指在安装轴承部件时，采取一定措施，预先对轴承施加一轴向载荷，使轴承内部的游隙消除，并使滚动体和内、外套圈之间产生一定的预变形，处于压紧状态。

① 轴承预紧的目的

由于轴承内部有一定的游隙，外载荷作用下轴承的滚动体与套圈接触处也会产生弹性变形，所以工作时内、外圈之间会发生相对移动，从而使轴系的支承刚度及旋转精度下降。当轴承间隙过大时，还会引起机床移动时产生异常噪声。对于精度要求高的轴系部件（如精密机床的主轴部件）常采用预紧的方法增强轴承的刚度。预紧后的轴承在工作载荷作用时，其内、外圈的轴向及径向的相对移动量比未预紧时小得多，支承刚度和旋转精度得到显著的提高。但预紧量应根据轴承的受载情况和使用要求合理确定，预紧量过大，轴承的磨损和发热量增加，会导致轴承寿命降低。

总之，轴承预紧有如下作用：提高刚性、减低噪音、提高轴引导的精度、补偿在运行中的磨损、延长工作寿命等。

② 轴承预紧的原理

预紧根据不同的轴承类型，可以是径向，也可以是轴向。例如，圆柱滚子轴承，由于其设计的原因，只能在径向施加预紧，而推力球轴承和圆柱滚子推力轴承则只能在轴向施加预紧。单列角接触球轴承和圆锥滚子轴承一般为轴向预紧，并通常与另一个同样类型的轴承以背对背或面对面的方式配对使用。

对于成对使用的角接触轴承进行预紧的常用方法如下：

A．X 型配置（面对面配置）：通过夹紧外圈而预紧。

B．O 型配置（背对背配置）：在两轴承外圈之间加一金属垫片（其厚度控制预紧量大小）通过圆螺母夹紧内圈使轴承预紧，也可将两轴承相邻的内圈端面磨窄，其效果与外圈加金属垫相同。

C．在一对轴承中间装入长度不等的套筒，预紧量由套筒的长度差控制。

D．用弹簧预紧，得到稳定的预紧力。

相关知识五 反向间隙的补偿

进给传动反向间隙的补偿参数

（1）参数 No.1851：各轴的反向间隙补偿量

作用：设定各轴的反向间隙补偿量。

注：在机床接通电源后，当机床以返回参考点相反的方向移动时，进行第一次反向间隙补偿。

（2）参数 No.1852：各轴快速移动时的反向间隙补偿量

作用：设定各轴快速移动时的反向间隙补偿量。此参数只在参数 No.1800#4（RBK）设为 1 时有效。根据切削进给速度/快速移动速度分别来改变反向间隙补偿量，可以进行更高精度的加工。

如图 13-17 和图 13-18 所示，表示的是反向间隙补偿量随进给速度及移动方向变化的情况。

其中：切削进给时反向间隙补偿量的测量值为 A，快速移动时反向间隙补偿量的测量值为 B（见表 13-3）。

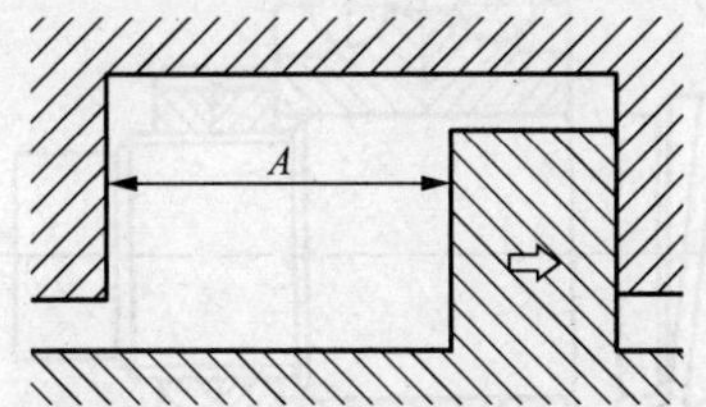

图 13-17 切削进给时停止（在参数 No.1851 中设定补偿值 A）

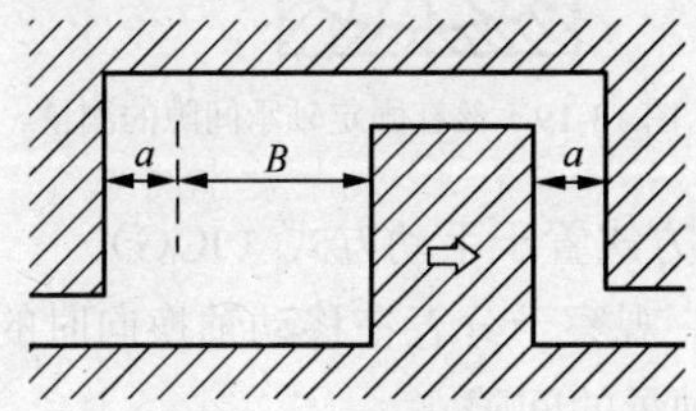

图 13-18 快速移动时停止（在参数 No.1852 中设定补偿值 B）

表 13–3 进给传动间隙补偿值

进给速度的变化 / 移动方向的变化	切削进给 ↓ 切削进给	快速移动 ↓ 快速移动	快速移动 ↓ 切削进给	切削进给 ↓ 快速移动
同方向	0	0	±*a*	±(−*a*)
反方向	±*A*	±*B*	±*B*(*B*+*a*)	±*B*(*B*+*a*)

表 13-3 中：

（1）a=（A－B）/2（a：机械的超程量）;

（2）补偿量的符号（±）与移动方向相同。

注：

（1）手动连续进给（JOG）视为切削进给。

（2）接通电源后，第一次返回参考点结束前，不进行切削进给/快速移动的反向间隙补偿。正常的补偿量不论切削进给或快速移动，均按参数 No.1851 的设定值补偿。

（3）切削进给/快速移动分别反向间隙补偿，只在参数 No.1800#4(RBK)设为 1 时进行。设为 0 时，进行通常的反向间隙补偿。

注意：

目前很多机械部件传动精度很高，但是要长期保持其高精度，维护保养工作显得非常重要。由于数控机床的传动链大多采用滚动摩擦副，所以这方面的故障大多表现为运动品质下降而造成。如反向间隙增大，定位精度达不到要求、机械爬行现象，轴承噪声变大（尤其有机械硬碰撞之后易产生）等。这部分的维修常与运动副的预紧力、松动环和补偿环节的调整都有密切关联。

■ 任务实施

任务实施一　丝杠固定轴承间隙的测量和调整

1．将一粒滚珠置于滚珠丝杠端部的中心孔上，然后用千分表的表头顶住滚珠，如图 13-19 所示。

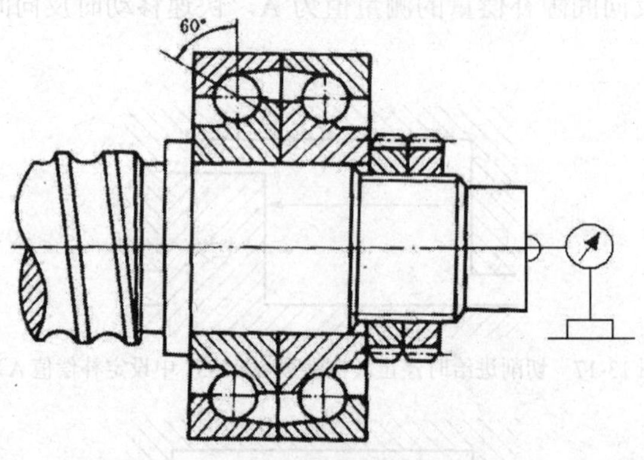

图 13-19　丝杠固定轴承间隙的测量

2．将机床操作面板上的工作方式置于手动方式（JOG）。

3．按相应轴的正、负移动键，观察千分表在移动轴换向时的偏差值，该偏差值即为滚珠丝杠的轴向窜动误差，亦即丝杠固定轴承的间隙。

任务实施二　轴承预紧的方法

如测出的间隙过大，则先松开丝杠端部的锁紧固定螺母，然后再用扳手预紧圆螺母，最后锁紧固定螺母即可。机床丝杠轴端预紧螺母如图 13-20 所示：

图 13-20　轴承预紧螺母

任务实施三　进给传动反向间隙的测量和补偿

数控机床进给传动的反向间隙较大时，可以通过机械部分的预紧加以消除。当数控机床进给传动间隙机械调整后，还可通过参数加以补偿，使机床传动调到最佳状态。FANUC 数控系统也具有此参数功能，利用仪表测量出实际间隙，然后用的参数补偿的方法消除反向间隙，提高机床进给传动的精度。

1．切削进给间隙的测量

（1）开机，并执行机床返回参考点操作，然后将机床各轴移回约中点的位置。

（2）录入程序，控制机床以切削进给速度移动到测量点，如：G91 G01 X100 F250。

（3）安装千分表，把千分表触头对准移动部件的正侧一方，并将表针调到“0”刻度位置。

（4）录入新程序，控制机床沿同一方向以切削进给速度移动 100mm。

（5）录入新程序，从停留位置沿相反方向以相同切削进给速度返回测量点。

（6）读出千分表的刻度值。此值为反向偏差，实际上包括了传动链中的总间隙，反映了其传动系统的精度。

（7）按检测单位换算切削进给方式的间隙补偿量（A），并设定在参数 No.1851 中。

注：

（1）上述操作可通过编一简单程序进行，并保证各轴在移动时不超出行程极限。

（2）上述操作应重复进行 3 次，有进还需在各轴上取 3 个测量点，取其算术平均值作为间隙补偿值。

（3）根据实测出的 X、Y、Z 轴的反向偏差值，分别补偿到其对应的参数号中（补偿值为 A）。

（4）对于车床中直径指定的轴，应注意检测单位与其他轴不同。

2．快速进给间隙的测量

快速进给间隙的测量方法与切削进给间隙的测量的方法类似。

注：

（1）测量量控制机床以快移速度移动机床，如：G91 G00 X100。

（2）实际测出的反向偏差值，为快速进给间隙的补偿值 B。按检测单位换算出补偿量，设定在参数 No.1852 中。

（3）对于车床中直径指定的轴，应注意检测单位与其他轴不同。

注意：

滚珠丝杠螺母副的密封与润滑的日常检查。滚珠丝杠螺母副的密封与润滑的日常检查是我们在操作使用中要注意的问题。对于丝杠螺母的密封，就是要注意检查密封圈和防护套，以防止灰尘和杂质进入滚珠丝杠螺母副。对于丝杠螺母的润滑，如果采用油脂，则定期润滑；如果使用润滑油时则要注意经常通过注油孔注油。

■ 拓展问题

数控机床的主轴使用一段时间后就会经常出现间隙，使零件加工出现尺寸问题，所以掌握消除数控机床间隙消除方法非常必要，根据所学知识，在消除数控机床主轴间隙过程中应做哪些工作？